U0171217

一本书读懂 AI 基础知识、
商业应用与技术发展

人工智能全书

［日］伊本贵士 —— 著

郑明智 —— 译

人民邮电出版社
北 京

图书在版编目（CIP）数据

人工智能全书：一本书读懂AI基础知识、商业应用
与技术发展 ／（日）伊本贵士著；郑明智译. -- 北京：
人民邮电出版社，2022.2
　（人工智能优秀技术和应用案例丛书）
　ISBN 978-7-115-56750-5

　Ⅰ．①人… Ⅱ．①伊… ②郑… Ⅲ．①人工智能－普
及读物 Ⅳ．①TP18 49

中国版本图书馆CIP数据核字(2021)第121599号

版 权 声 明

内 容 提 要

　　本书系统地讲解了 AI 基础知识、商业应用与技术发展，可以帮助读者快速了解人工智能，掌握行业
动态与技术。全书图文并茂，浅显易懂，其中基础篇介绍了 AI 的基础知识，商业篇预测了 AI 在各行各
业的应用与发展，技术篇则讲解了 AI 的各种专业技术知识。本书最后还有关于 AI 的常见问题解答，能
够回答大众对于 AI 的常见疑问。本书适合大众及对 AI 感兴趣的人阅读，专业人士也能获益匪浅。

◆ 著　　　 [日] 伊本贵士
　 译　　　 郑明智
　 责任编辑　周　璇
　 责任印制　彭志环
◆ 人民邮电出版社出版发行　　 北京市丰台区成寿寺路 11 号
　 邮编　100164　 电子邮件　315@ptpress.com.cn
　 网址　https://www.ptpress.com.cn
　 北京九州迅驰传媒文化有限公司印刷
◆ 开本：787×1092　1/16
　 印张：16.25　　　　　　　 2022 年 2 月第 1 版
　 字数：337 千字　　　　　　 2025 年 1 月北京第 15 次印刷
　 著作权合同登记号　图字：01-2020-1257 号

定价：129.80 元
读者服务热线：(010)53913866　 印装质量热线：(010)81055316
反盗版热线：(010)81055315
广告经营许可证：京东市监广登字 20170147 号

本书献给所有肩负使命、拥有光明未来的下一代领袖

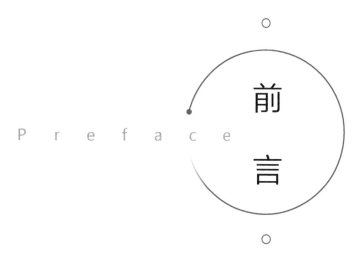

前言

P r e f a c e

面向所有人学习人工智能的时代

当今，人们普遍认为人工智能今后会产生新的价值，还可能会改变社会的价值基准、重塑生活和商业。

因此，今后在很多行业中，人工智能都可能成为分出胜负的关键，有观点认为巧妙应用人工智能的企业和组织将会在竞争中取胜。几乎没有专家对这一观点持否定意见。

就像现在很多行业都在使用计算机和智能手机一样，我们或许即将迎来所有行业都使用人工智能的社会。

其实现在已经出现了全世界的部分高中和大学学习人工智能的动向。不只是理科，文科专业学习人工智能的情况正在变成现实。

我们再将视线转向企业，有的企业顺利地进行了应用人工智能的研究和实验，创造了一个又一个新的产品和服务；有的企业虽然对人工智能也感兴趣，但仅仅停留在对人工智能进行讨论的阶段。

这个差距到底是怎么产生的呢？

不能很好地应用人工智能的企业有这样的特点：企业的高层与应用人工智能的相关人员无法正确理解人工智能。其原因是人工智能是难度非常高的技术。因此，要理解人工智能的本质就需要学习，但并不是每个人都对数据科学和人工智能感兴趣，人们也没有足够的时间去学习新的领域的知识。在这样的背景下，《IoT 的教科书》（日经 BP 社出版）的很多读者提出了"能不能编写一本即使没有人工智能的专业知识也能学习人工智能的书？"的要求，于是笔者决定编写本书。

本书的构成

笔者在日本经济新闻社的研讨会"日经技术冲击"和日经 BP 社的研讨会"日经 xTECH

学习"等许多与人工智能相关的讲座中担任讲师。本书是笔者为了让不是工程师的人，即高中生、学文科的大学生、大学专业是文科的商务人士和经营者等初学者也能正确、高效地理解人工智能，在只介绍必需的要点、尽可能不使用专业用语的原则下编写的。为了让初学者也能在短时间内理解人工智能的本质，并根据各自不同的情况和理解程度去学习，本书主要分成3部分。

第1部分（第1章）是"基础篇"。这一部分总结今后人们在以人工智能为中心的社会生活中，所必须掌握的较容易理解的基础知识，介绍人工智能擅长什么、不擅长什么，以及人工智能如何改变社会的内容。

第2部分（第2~4章）是"商业篇"。这一部分介绍各行业在商业领域应用人工智能的事例和今后如何应用人工智能。另外，这一部分重点介绍应用人工智能时的注意事项，也介绍人工智能项目的推进方法和国家等的扶持情况。由于第1部分和第2部分总结了今后需要了解的知识，所以希望所有读者（不限年龄和职务等）都能理解这两部分内容。

第3部分（第5~8章）是"技术篇"。这一部分讲解人工智能的原理。今后，对于工程师和从事人工智能项目的人来说，数据科学和人工智能相关的知识是必须掌握的，所以希望读者也能读懂第3部分。即使是与项目不直接相关的人，理解这部分内容也会大幅提高对人工智能的理解程度，所以推荐读者阅读。笔者在编写这一部分时是以尽量不使用专业用语、读者即使没有前提知识也能理解为目标。不擅长数学的读者也可以只读能看懂的部分，希望这些读者也能认真阅读这部分内容。

在最后的第4部分（第9章）中，笔者以常见问题解答的形式总结讲座中经常被问到的问题以及人们存在很多误解的问题。这一章也许会有和其他章节重复的内容，但是由于这一章总结的是非常重要的内容，建议读者将这一章作为最后的复习章节来阅读。

致读者

今后不是仅要求了解特定领域的知识就能生存的时代，而是需要具备掌握包含数据科学和人工智能等各领域知识的综合能力的时代。这就要求我们具备高效地学习大量知识的能力。

为了又快又多地学习，最重要的是保持高昂的学习动力。

因此，本书不设固定的阅读方法。读者可选择最适合自己的阅读方法。基于这一考虑，本书被设计为即使从中间的章节开始阅读也能理解的形式。

本书没有阅读门槛。不管是大学生，还是对人工智能有兴趣的高中生、初中生，甚至小学生都可以阅读。从笔者的人生经验来看，勇于挑战的人总有一天会成长到曾经不能企及的高度。即使是小学生，能对高难度的技术感兴趣并开始努力学习也是非常好的。

书中可能会出现读者在学校里还没有学过的内容。即使读到难以理解的地方，读者也不必沮丧，不要犹豫，跳过这样的内容，然后只读感兴趣的地方就行了。读者不必为此烦恼，通过其他书籍和学校的课程掌握新知识之后，再读本书的时候就会很快理解了。

笔者在读技术书籍的时候，读法就和读小说不同，没有抱着一定要"从头到尾读一遍，理解全部内容"的想法。所以读者不妨只读感兴趣的内容，至于其他内容，则可在之后像查词典一样地边查边读。同时交叉阅读多本书，只看自己感兴趣的部分，读完之后，可能会发现自己最后快速地学到了各种知识。

在学校的学习也是如此。不要试图只阅读并理解一本教材，而是要看各种参考书，从自己能理解的部分入手。

人工智能是人类的好伙伴

对未知事物抱有警戒心理也许是生物的本能。人工智能对人类来说也是未知的，故而人工智能是只有一部分工程师才能理解的难题，可能有人认为它是对常识的破坏，有人认为它对人类来说是威胁。

本书就是笔者为了澄清这些误解而编写的。笔者断定："如果人工智能运用得当，它会是人类的好伙伴。"

如果有很多人带着这样的观点来阅读本书，而且能携手去创造一个美好的未来，笔者将非常欣慰。

目录
Contents

第 3 章

AI 商业篇　各国针对人工智能应用的政策

第 **4** 章

...... **61**

AI 商业篇　人工智能项目的推进方法和注意点

第 **5** 章

...... **69**

AI 技术篇　机器学习——人工智能进化史

第6章 ⋯⋯ 109

AI 技术篇 深度学习——现在的人工智能

第7章

AI 技术篇 人工智能的开发和运用管理

第 8 章

AI 技术篇　人工智能的最新技术——今后的人工智能

第 9 章

人工智能开发常见问题

AI 基础篇

1

第 章

人工智能的世界

人们希望将人工智能（AI）应用在业务中。因此，我们必须深入理解"人工智能的价值是什么""人工智能能做什么、不能做什么"等基本知识。

当我们面对智能软件时，如果只是简单地知道使用"人工智能"的词汇，或只在概念上有简单的了解，那还不算理解了人工智能。

对于大多数人来说，现在对人工智能了解到这种程度也算可以了。但如果一直这样下去，当碰到诸如使用或者开发包含人工智能技术的产品时，就有可能搞不准人工智能的价值及优点。

本章可作为理解人工智能的第 1 阶段，内容涵盖即使不具备人工智能专门知识的人也能理解的基本事项。具体来说，本章介绍如何理解人工智能，以及使用人工智能到底能做什么。

第 2 章

第 3 章

第 4 章

第 5 章

第 6 章

第 7 章

第 8 章

第 9 章

第1章 人工智能的世界

1.1 人工智能是什么

人工智能的诞生和历史

据说在 20 世纪 40 年代，人工智能的研究就已经开始了。明确界定人工智能的起源是一件很难的事情，我们将"构建电气网络来模拟人脑"的实验作为人工智能的起源。

之后，经过了 20 世纪 50 年代至 20 世纪 70 年代的第一次人工智能浪潮、20 世纪 80 年代的第二次人工智能浪潮及人称"人工智能的寒冬"的一段时间，在进入 2000 年之前，人们设计了各种各样的人工智能的方法，反复进行了各种实验。遗憾的是，这些方法没能达到实用的程度，没有在社会上得到广泛的应用。

再之后，时间到了 21 世纪的第一个 10 年，人工智能实用化的时代终于到来了。人工智能影响了我们生活的方方面面，使生活变得更方便了。与此同时，由于人工智能有可能会带来前所未有的价值，人们开始对它抱有巨大的期望。

之所以有了这些变化，都要归功于英国的计算机科学及认知心理学的学者 Geoffrey Hinton 等研究者设计的实现深度学习（Deep Learning）的方法（关于深度学习的详细内容，可参考第 6 章）。

经历了很多历史性事件之后，人工智能在图像识别和语音识别等领域变得实用了，人们将它应用在自然语言的翻译、智能音箱、自动驾驶汽车中。

人工智能到底是什么

现在我们解释"人工智能"是什么。实际上，人们对于人工智能的定义有各种各样的意见。因此，现在还不存在全世界通用的统一看法。考虑到这一情况，如果我们尝试非常宽泛地对人工智能进行定义，那就是"人工智能是像人一样进行思考、判断的程序"。尽管"像人一样"

只有简简单单几个字，但每个人对其都有不同的解读。再加上做到"像人一样"的方法也有很多种，故而目前还没有"人工智能是如此这般"这种明确的定义。因此，笔者认为没有必要纠结于"人工智能"的定义。

另外，在现阶段，人工智能与人还是不一样的，它不能创造各种新事物，也不能进行复杂的交流。这是因为现在的人工智能只不过是"基于统计学中的概率论来创建模型的工具"而已。

举个例子，A 觉得 38℃的水不热，但是觉得 39℃的水热；B 也同样觉得 38℃的水不热，但是觉得 39℃的水热。同样地询问 100 个人，得到的结果是 100 个人中有 98 个人觉得 39℃的水热。这时，我们就可以推测存在着"有 98% 的人觉得 39℃的水热"的规律。这个规律被称为模型。实际上我们不会使用人工智能来创建这么简单的模型，这里只是为了便于读者理解，将它作为例子而已。

模型与目标变量、特征变量

下面介绍一个实际使用人工智能创建模型的例子。比如我们打算用人工智能来创建一个根据某个地区的气温、湿度和降水量等数据，预测当地犯罪率的模型。在这个例子中，我们推测犯罪率的大小除了与地点有关之外，还受气温和湿度等环境条件影响（实际上有许多研究表明犯罪率随天气等因素变化而变化），在此推测的基础上创建模型。这时我们将通过模型算出的目标——犯罪率称为目标变量，将作为模型输入的表示气温、湿度和降水量等环境条件的数据称为特征变量。

人工智能根据过去犯罪发生时与环境条件有关的数据（这个数据被称为学习数据），分析哪种情况下会发生犯罪，创建能够表示在满足哪些环境条件时犯罪率会发生变化的计算表达式。这种计算表达式是根据所有表示环境条件的特征变量算出高精度的犯罪率的式子，所以是非常复杂的。

人工智能创建的这种复杂的计算表达式就是模型。如果创建出能够高精度地预测犯罪率的优秀的人工智能模型，那么在所有的地区，向人工智能模型输入表示气温等环境条件的特征变量数据，经过计算即可预测出高精度的犯罪率。

也就是说，现在的人工智能是用来发现"根据确定了所有条件的数据，得到答案数值的规律"的技术（见图 1-1）。

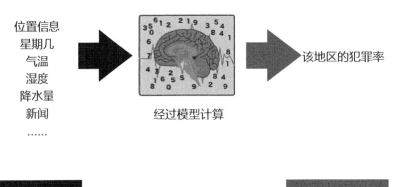

位置信息
星期几
气温
湿度
降水量
新闻
……

经过模型计算

该地区的犯罪率

特征变量

目标变量

■ 图1-1 人工智能的概念图（信息来源：日本 MediaSketch 公司）

对人工智能的幻想

如前文所述，人工智能是非常复杂的高端技术。如果没有理解使用人工智能进行计算的原理，就难以正确理解人工智能是如何发展的。因此，对人工智能的错误解释屡屡出现。

其中一个典型的例子是"人工智能是无限接近人类的存在"。的确，人工智能中常用的**神经网络**算法（可将算法理解为解决问题的步骤）是以人脑的神经细胞为模型而设计的算法（关于神经网络，可参考第 6 章）。

但人类拥有海量的感官细胞，在任何时刻都能获取数量远超现有计算机可处理数据量的信息进行学习。人脑 365 天、24 小时不间断地处理视觉、听觉、味觉、触觉、嗅觉等的各种刺激信息。因此人在活着的每一天中即使什么都不干，在无意识的状态下都会学习海量的信息。可以想象人脑是多么优秀而又神秘。

换言之，现在的人工智能科技所能处理的数据量还无法达到人能处理的信息量，所以很难想象它能够拥有人一样的创造性。因此，在接下来的几十年，人们也只会为了特定的目的去开发人工智能程序。我们需要建立这样的认识：人工智能不是万能的，无法像人一样思考。

然而，也有人将与以往不同、不进行学习的机器称为人工智能。比如搭话后进行回答的机器，由于它的外形像人，人们觉得亲近，就容易把它当作人工智能。但实际上它可能仅仅返回人类基于计算表达式设置的回答而已。由于这种机器没有学习机制，无论提问者是谁、提问多少次，它都只会返回相同的回答。现实生活中，像这样的对人工智能的误解还有很多。为了避免被这些误解所迷惑，大家要在理解本书介绍的人工智能的机制的基础上，能够对人工智能可以做到的事情和做不到的事情加以区分。

> **MEMO**
>
> **通用人工智能的可能性**
>
> 　　现在，人们也在研究具有无限接近人类智能的**通用人工智能**（Artificial General Intelligence，AGI）。通用人工智能不是为了特定的目的开发的，而是对于任何问题都能想出合适的回答的人工智能。
>
> 　　与通用人工智能相对应，目前已有的人工智能也被称为专用人工智能。比如为了识别图像，人们开发了能够进行图像识别的人工智能程序，并对其进行调整、优化。只要加以学习，任何物体都有可能被识别出来。从这一点来看，这种人工智能在某种意义上具备了通用性。但是，这种人工智能还很难做到与人用自然语言流畅地对话。
>
> 　　在编写本书时（2018 年），人们还没找到实现通用人工智能的方法，可以说通用人工智能还处于研究的黎明期。在量子计算等技术成熟之后，通用人工智能也许会具备实现的可能性，但要解决的问题还有很多，它得到实现应该是几十年之后的事情了。

1.2　人工智能的价值

为什么使用人工智能可以实现自动驾驶汽车

　　人工智能不是万能的。可能有人会在了解这一点后大失所望。不过毫无疑问的是，即便是为了特定的目的而开发的人工智能，也可以创造出前所未有的、全新的价值。

　　比如自动驾驶汽车就是有了人工智能技术后才得以实现的代表性事物。为了实现自动驾驶，驾驶系统必须从搭载的多个摄像头拍摄的影像中，正确地识别出存在于前进方向上的物体。人工智能非常擅长从图像这种包含海量信息的数据中，进行特定物体识别的、被称为模式识别的计算。自动驾驶使用的人工智能从摄像头拍摄的图像中判断出行人、标识和车辆等，并正确地判断与它们的距离。

　　在图像识别领域，对于区分图形是圆还是三角形这种简单的识别，人们不使用人工智能也能做到，只需编写计算表达式就能加以区分。相比之下，人体的体格和体形却各有不同，而且人穿着不同的衣服、朝着不同的方向、摆着不同的姿势。为了将不同的人都识别出来，人工智能需要创建具有什么样的"特征"才能被识别为人的模型。

　　从海量数据中发现规则是人工智能所擅长的，它通过与人完全不同的角度从图像中识别特定的物体（见图 1-2）。

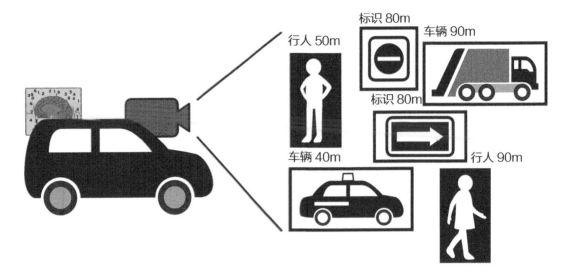

行人 50m
标识 80m
车辆 90m
标识 80m
车辆 40m
行人 90m

■　图1-2　自动驾驶汽车识别示意（信息来源：日本 MediaSketch 公司）

各国企业对人工智能的态度和期望

人们说日本在第三次工业革命中经历了两次大的失败。第一次是在互联网普及的时代，日本企业出海失败，仅面向日本国内提供服务。结果是在日本没有诞生像谷歌（Google）公司和脸书（Facebook）公司这种在全球取得极大成功的企业。

第二次是手机领域的失败。在手机普及的时代，运营商 NTT Docomo 开发了 3G 和 LTE 等通信标准，2000 年前后日本电气股份有限公司（NEC）和索尼（Sony）公司等日本企业销售了大量的手机。但日本企业却在功能机时代向智能手机时代过渡时落伍了，最终败给了美国苹果（Apple）公司的 iPhone 手机和亚洲各国企业销售的安卓（Android）手机，许多日本企业撤出了手机业务。

在之后的被称为第四次工业革命的从 2010 年开始到预计 2030 年为止的时代，预计会兴起各种各样的技术革新。其中被认为会产生最大价值的技术之一是人工智能。

从 2010 年开始，在以制造业等为代表的生产活动中，亚洲和非洲等新兴工业化国家的企业兴起，它们的制造技术不断进步，在技术上已经不逊于发达国家的企业。今后发达国家的企业想在品种少而又大量生产的领域击败新兴工业化国家的企业是非常困难的。实际上，发达国家的企业正在积极地在新兴工业化国家开设工厂。此外，在取得了显著的技术进步的今天，可以说企业进入了只靠产品的低价格、高品质、高配置等优势已无法实现差异化的时代。

手机行业就是一个典型的例子。在 21 世纪初，日本企业开发的机型席卷市场。但到了 21 世纪 10 年代后期，主流手机已变为智能手机，硬件方面的竞争已不再明显。现在世界上智能手机市场占有率高的企业，是销售以 iOS 操作系统和 iTunes 等服务为强项的 iPhone 智能手机的美国苹果公司，销售安卓智能手机的三星电子（Samsung Electronics）等韩国企业和华为等中国的企业。

与世界上有竞争关系的其他国家相比，日本对人工智能的投资额较低。人工智能明明是实现与竞争国家的差异化所必需的技术，为什么投资额低呢？我想这是人才不足、IT 化迟缓、投资意向低迷等多种原因导致的。但是，如果不能认清现状并认真地考虑对策，日本的相关产业将会大幅度落后。

人工智能做得到的事情

现在的人工智能做得到的是使用模型推导出特征变量和目标变量的关系。如果能推导出人所想象不到的关系，它就有希望对未知情况做出高精度的预测。使用人工智能可以基于不同的目的进行数据分析，数据分析大体上可以分为回归和分类两种类型。

1. 回归

举个例子，假设在温度为 40℃、湿度为 60% 的环境下种植香蕉，我们可以预测种出的香蕉的甜度。这种基于某种条件预测目标变量的数值（对于这个例子来说是甜度）变化趋势的分析叫作回归。

回归分析的应用范围很广，包括异常检测、未来预测等场景。异常检测指的是，将与学习到了正常情况的人工智能的预测值大幅偏离的实测值作为异常值检测出来。未来预测指的是在表示条件的特征变量中加入时间信息后进行学习，对将时刻设为未来的值时的结果进行预测。

2. 分类

与回归分析的学习数据相对照，预测数据属于哪个组的概率的分析叫作分类（类别分类）。分类主要应用于图像识别等场景中。

图像识别指的是判断图像中的物体是什么，比如是狗还是猫。这种场景下，将图像数据作为特征变量输入，推导出具有什么样的图像颜色值的物体被判断为狗组的概率高或被判断为猫组的概率高的规律。

现在人工智能所做的分析基本都是回归和分类。因此，只要理解了这两种分析，也就理解了人工智能能够做什么。

对未知数据进行预测和人工智能的价值

毫不夸张地说，人工智能的价值取决于能否对未知的数据进行高精度预测。假定有下列过去的数据（学习数据）。

- 在气温为 25℃、湿度为 20% 的环境下种出的香蕉的甜度为 5.0。
- 在气温为 40℃、湿度为 80% 的环境下种出的香蕉的甜度为 9.0。

已知这些数据，那么在气温为 40℃、湿度为 80% 的环境下种出的香蕉的甜度会是多少呢？这样的问题谁都能回答。为什么呢？因为只要找到同样环境下的数据，展示其结果就行了。可要是题目问的是"气温为 30℃、湿度为 50%""气温为 20℃、湿度为 100%"呢？如果人工智能可以高精度地预测出在从未经历过的未知环境下种植的香蕉的甜度，就可以说它是价值非常高的人工智能了。

为了进行这样的预测，我们需要创建深刻"理解"了气温、温度和甜度之间的关系的模型（但在实际场景中，只考虑气温和温度这 2 个特征是不够的，必须准备数十种特征才能发现其中的关系）。

为了对关系有深刻的理解，我们需要尽可能多的、表示事实的学习数据。学习数据越多，人工智能就能在更多环境下进行高精度的预测。这是传统的、基于固定的公式算出答案的程序所做不到的，这是使用了人工智能的程序的优势。

1.3 人工智能会抢了人的工作吗

人工智能做不到的事情

人工智能从实际存在的结果数据中创建出表示数据趋势的模型。因此，它无法预测与之前完全不同的、预想不到的事态。而且，它很难想象、继而创造出过去从未存在过的事物。

比如有这样的人工智能相关的论文，主题是绘制具有荷兰后印象派画家凡·高画风的画 [1][2]。

这些论文介绍的人工智能所做的事情是从凡·高过去的画作中分析出与画风有关的特征，也就是说找出凡·高所有的画作中共同的特征。如果能做到这一点，之后只要在照片等图片中加入同样的特征、处理一下就能得到具有凡·高画风的画。这也是从实际存在的数据中找出特征的一个例子。只是人工智能很难创造出具有从未出现过的画风的全新的画，也很难画出能够打动人心的画。

人工智能无法代替的 3 种工作

理解了现在人工智能做得到什么、做不到什么之后，就容易想象出今后人工智能会替代人做什么样的事情了 ❸。

英国牛津大学的副教授 Michael A. Osborne 和 Carl Benedikt Frey 博士发表了一篇论文，文中指出：需要复杂智力活动的工作、需要创造性的工作、需要社会协作的工作，在今后几十年也是很难由基于人工智能的机器人来完成的。

需要复杂智力活动的工作指的是那些需要像人一样捕捉到细微的感觉、进行细致力量调节的工作。为什么机器人即使拥有了智能也做不了这些工作呢？这是因为机器人拥有的传感器的数量要比人少得多。人类通过在皮肤等部位中存在的大量感官细胞掌握情况，驱使柔软的身体细致地进行复杂的力量控制。因此，机器人为患者进行医疗手术之类的工作是很难的。不过，如果是已定型的、不需要进行复杂的调整的手术，也许机器人能做。

此外，机器人即使拥有了智能也很难在普通的家庭房屋中自由移动。这是由于每个家庭的房屋构造都不同。而实际上，有许多机器人运转的工厂等场所是考虑到机器人能够正常运转的活动路线等细节去设计的，极力地去除了障碍物之类的物体。

需要创造性的工作指的是在音乐和艺术等领域创造出崭新的、包含了打动人心的元素的作品的工作。传统工艺也属于这个领域，今后也会继续由人来做。Osborne 等人在论文中提到了原因：人工智能要想创造出富有表现力的作品，就得像人一样能够处理海量的数据。

需要社会协作的工作指的是需要具备高超的与人交流的能力的工作，比如谈判、说服、心理安慰等就属于这种工作。现在的人工智能还不能精确地捕捉人类时时刻刻变化的情感，并考虑到对方的心理活动做出合适的反应。因为要做到这一点需要掌握的实时处理海量学习数据、创造出富有表现力的话语等技能实在太多了。因此，心理医生之类的工作今后也会由人来做。

理解了上面这些内容，也就大概理解了现在的人工智能很难完成那些由人来做的、需要复杂操作、创造性、交流能力的事情或工作了。反过来，也就可以理解那些不需要创造性的事情或工作今后可能就由搭载了人工智能的计算机来代替人做了。

这里需要注意的是，人工智能绝非只能完成已定型的工作，对于非定型的工作也能胜任。在自动驾驶领域，应用了人工智能的自动驾驶已经可以达到非常安全的程度了，驾驶工作就不能被称为已定型的工作。对于道路状况、在什么样的道路上会遇到什么样的人等情况，人工智能都必须得临机应变才行。

人类会因为人工智能失业吗

笔者认为，虽然因人工智能导致失业的情况是有可能出现的，但人们却无须过度担心。

下面谈谈理由。首先如前文所述，人工智能有做不到的事情，不能胜任所有的工作。因此，担心所有职业都消失了是杞人忧天的。

比如，税务师和会计师这两个职业经常作为要被人工智能取代的职业的例子。的确，会计分录工作已经逐渐过渡到由人工智能自动识别发票的图片了。但人工智能是否能给经营者以适当的建议是值得怀疑的。作为经营顾问、帮助企业经营者也是税务师和会计师的重要工作内容。

也许人工智能基于数据分析能提出一些建议。但它很难通过高超的沟通技巧消除经营者心中的不安情绪。此外，税务师和会计师是由人担任、被人信赖的重要职业。所以，笔者认为人工智能可以取代的不是特定的职业，而是各种职业中的特定工作内容。

不过，也有些职业不需要复杂操作、创造性和高超的交流能力。所以遗憾的是，这样的职业今后可能会被人工智能和机器人取代。

但是，将人替换为人工智能和机器人需要花费高额的费用。即使逻辑上可行，但如果收支不合算，替换过程当然也不会有什么进展。轻松引入人工智能和机器人想必是 10 年以后的事情了。

其实这种情况与计算机和互联网面世之时的情况完全相同。当时也有很多人担心前所未有的新技术的普及会导致一些职业消失。可是当新技术揭开神秘的面纱之后，这些曾被担心的职业并没有消失，只是工作方式发生了大的变化。可以说"人工智能时代"的情况也是一样的。笔者认为人工智能普及之后，人类迎来的将是更需要人类发挥创造性和交流能力的时代，也就是人们只做自己想做的、有趣的工作的时代。

人与人工智能的协作度

虽然说各行业都在应用人工智能，但是应用的程度不同。比如在医疗行业中应用人工智能，很难想象现在会存在一个没有医生、所有患者都由机器人看病、机器人根据诊断结果做手术的医院。这倒不是技术上做得到、做不到的问题，问题在于没有人想在这样的医院接受治疗。

另外，将人工智能应用在疾病的诊断上，医生参考人工智能的分析结果看病这样的改进应当立即进行。这是因为人工智能有可能发现医生不容易发现以及遗漏的点。

这些说起来都是应用人工智能的例子，但在有的场景下人工智能可作为辅助工具出现，有的场景下人工智能可作为人的替代出现，人与人工智能之间存在着不同等级的**协作度**。笔者总结了在不同的现场看到的场景，将人与人工智能的协作度汇总于表 1-1。

■ 表1-1　人与人工智能的协作度（表格来源：日本 MediaSketch 公司）

级别	概要	内容	工作主体
级别 5	完全替代	人工智能（机器人）替代人做所有的工作。人可以远程监控和发出指示	人工智能
级别 4	部分替代	人工智能（机器人）替代人做一部分工作。人要在旁边一边监控，一边与人工智能协同工作	人工智能和人
级别 3	人工智能向人发出指示	对于一部分工作内容，人不做任何判断，而是遵从人工智能的指示执行操作	人
级别 2	人工智能进行检查	对于人完成的工作结果，人工智能使用摄像头等工具检查是否存在问题	人
级别 1	人工智能提出建议	人工智能基于分析的结果和预测，作为建议向人提供工作顺序和注意事项等附加信息	人

比如使用人工智能进行分析，向医生提示患者患有特定疾病的概率的场景为级别 1，在这种场景中引入人工智能不会有过于困难的问题。

与之相对的是备受期待的远程医疗领域，机器人替代医生进行手术，医生通过摄像头等工具关注机器人的操作和患者的状态，这种场景相当于级别 5。人们必须事先考虑好它的安全性以及问题发生时的对策等各种情形，在这种场景中引入人工智能需要耗费非常多的时间和非常高的成本。

笔者曾经为某制造业的工厂提供过咨询服务，该工厂负责人问我：“我想用人工智能将人做的工作自动化，该怎么做呢？”这种使用人工智能完成工人的工作的场景相当于级别 5。直接以级别 5 为目标，必须得满足相应的条件。这个条件是在筹措大量资金的基础上，为了看到效果，人工智能能够被大规模地展开，并且其工作内容也必须能够定型。不理解这个条件贸然开始推进引入人工智能的项目，该项目很容易中途遭遇挫折。

因此，要想应用人工智能，首先要做的是分析现存问题，思考需要实现哪个协作度级别才能解决问题。假如实现级别 3 就能解决问题，就没必要特意实现级别 5 了。

而且避免使项目遭遇挫折的风险也很重要。即使将来的目标是实现级别 5，也应当阶段性地推进，避免工作现场的混乱局面，早日暴露技术上的问题。

1.4 人工智能如何改变世界

重新定义所有行业

人类已经历了 3 次工业革命。工业革命是指因革命性技术的出现而导致的打破产业已有的稳定平衡的局面、重塑产业的变革。

20 世纪 80 年代至 21 世纪第一个 10 年，这段时间里发生的所谓的"第三次工业革命"也被称为 IT 革命，正是由以计算机和互联网为代表的 IT 的革命引起的重新定义了世界商业的布局和常识的时代。

此前还不存在的美国微软（Microsoft）、亚马逊（Amazon）、苹果、谷歌、脸书等企业在这次浪潮中迅速成长为股票总市值排名世界前十的大企业。毫无疑问，没有计算机和互联网这样的新技术的出现，这些奇迹是不会发生的。

同样地，人工智能及许多新技术的出现所引发的革命被称为"第四次工业革命"。这说明，人们认为人工智能像计算机和互联网一样，给世界带来了同等程度的影响。换言之，能够创造应用人工智能的产品和服务是关系到企业命运的关键。因此，谷歌、亚马逊、百度和阿里巴巴等企业向 AI 创业企业、研究开发、人才培养投入了数十亿美元（1 美元 ≈ 6.54 人民币）的资金。

人工智能是基础性技术，绝大多数行业可以应用这项技术。可以说所有行业都将被人工智能重新定义。

商业世界本来就在发生着不同程度的重新定义，现在的"行业"之别在将来也许就没有意义了。因此，从事人工智能相关工作的人应当逐渐意识到这一点，抛弃脑海中的常识，一边怀疑常识一边创造新世界，这是非常重要的。

为人工智能所渗透的世界

笔者不是科幻作家，不会无凭无据地空想未来，而是以现在的人工智能技术的进展为前提，预测世界将如何变化。笔者认为未来将是所有事物都被优化过的世界。

比如，在工厂进行的生产活动和物流配送，为了保证必要的材料在必要的时候送到特定的场所、杜绝浪费，人工智能会编制所有的计划，向各种机器发送指令。

此外，所有事物都会被自动化。机器能识别所有事物，根据其状况自律地运转。因此，当一个人来到其家门前，门锁会自动打开，在人进入后自动关闭；房间的温度会被自动调整为体感舒适的温度；人坐到电视机前，面朝电视机后，电视机会自动打开电源，播放主人喜欢的节目。去购物时，商店里没有收银台，顾客只需把想要的商品装到包里，离店后自动通过电子支付方式付款。

所有事物都像这样自动化之后，通过机器的智能运转，可避免整个社会的时间和行动的浪费，世界将变得更加方便。

企业应当怎么做

不管处于哪个行业、有多大的规模，所有企业都要思考如何在由人工智能带来的巨大变化的时代中存活下去。

笔者认为企业有两个选项。

第一个选项是应用人工智能创造新的产品和服务。这个选项要求企业重视人才培养。为了引入之前没有的新想法，企业需要保留优势和组织结构中好的部分，基于合理的设计，对组织的现状和文化进行能够产生根本性变化的大改革。不管是企业的老板、还是企业的员工，都需要为变化付出极大的努力。如果没有变化，小业终将走向衰退，改变势在必行。

第二个选项是让人工智能做不到的领域重点发力，开展由人做的、为了人的业务。尽管有可能仍会使用应用了人工智能的产品和服务，但最终由人产生的价值才是关键。

比如手工完成的陶器等艺术品有特殊的价值。因此这种属于第二个选项。一般来说这样的领域的市场规模很小，属于利基市场，虽然不容易获得大的收益，但企业是可以维持下去的。

不管选择哪个选项，都需要企业家正确地把握时代潮流，正确地理解竞争企业选择了哪种战略。

人应当怎么做

在 20 世纪 70 年代，即计算机刚出现的那个年代，几乎没有会使用计算机的人，而现在已经几乎没有不使用计算机和智能手机的人。计算机和互联网已经是不管男女老少、文科生还是理科生，要想在这个社会生存下去，必须对其知识有一定程度了解的技术了。

同样地，可以说人工智能也会成为不管是文科生还是理科生、属于哪个行业的人，都必须掌握的技术。因此，即使读者不是技术人员，理解人工智能的基础知识对将来也一定是有好处的。

经营者也需要掌握人工智能的知识，因为重要的业务可能要交给人工智能去做了。

对于技术人员来说，人工智能是必须要掌握的技术。此外，技术人员成为擅长人工智能的工程师后，相信在职业生涯上也将有大的提升。因为人工智能是历史上少见的保证从业者有所成长的技术。

不管人类喜欢还是讨厌人工智能，社会都会把人工智能做得到的事情交给人工智能去做。在这个浪潮之中，人类必须思考人工智能做不到的、只有人类才能做到的技术和价值是什么。总而言之，人工智能将是今后人类在世界上生存下去必须要掌握的技术。

参考文献

❶ Leon A. Gatys, Alexander S. Ecker, Matthias Bethge.（英文）
A Neural Algorithm of Artistic Style.
arxiv 网站

❷ Leon A. Gatys. Alexander S. Ecker. Matthias Bethge.（英文）
Image Style Transfer Using Convolutional Neural Networks.
cy-foundation 网站

❸ Carl Benedikt Frey. Michael A. Osborne.（英文）
THE FUTURE OF EMPLOYMENT: HOW SUSCEPTIBLE ARE JOBS TO COMPUTERISATION?
oxfordmartin 网站

AI 商业篇

第2章

各行各业的人工智能应用和未来展望

根据预测，人工智能将在不同的领域产生新的价值。不仅限于互联网服务业和制造业，预计人工智能将会在医疗、建筑、农业等各行各业发挥出前所未有的价值。目前已经有一些应用案例出现了。

本章将结合案例介绍人工智能实际产生了什么样的价值。此外，本章还按行业介绍笔者对于人工智能技术的发展如何重新定义各行各业的看法。

第1章

第3章

第4章

第5章

第6章

第7章

第8章

第9章

第2章 各行各业的人工智能应用和未来展望

2.1 制造业的人工智能应用和展望（产品开发篇）

智能产品

随着人工智能和物联网（Internet of Things，IoT）技术的进步，所有设备都将连接到互联网，一边与各种服务和产品进行通信一边运行。

美国软件公司 PTC 的首席执行官 Jim Heppelmann 和哈佛商学院的教授 Michael Porter 在论文《IoT 时代的竞争战略》中列举了智能产品的 4 个必要的功能：监控、控制、优化、自动化●。

自动化指的是智能产品自动收集信息，自发地根据信息判断最合适的行动去运行。

例如，美国 Nest Labs 公司开发了基于测量的温度远程控制空调的温控器（温度调节器）Nest（见图 2-1）。该公司因 2014 年被美国谷歌公司收购而声名鹊起。

Nest 的特点是通过人工智能学习空调的使用时间和设置的温度等信息，最终无须人为操作即可自动地使环境变得舒适。人对冷和热的感觉因人而异，学到了这种个人感觉和喜好信息的人工智能可以自动地调节空调温度，防止其过度加热或过度制冷。不仅如此，使用人工智能还能无须进行任何操作即可达到省电的效果。

■ 图 2-1　Nest Labs 公司的温控器产品 Nest（信息来源：Nest Labs 公司）

产品的计算机化

今后，人工智能的性能将成为产品的卖点。因此，人们对产品配置的要求也会变高。

以前，大部分家电产品运行在由被称为微控制器的低配置 CPU 和内存组成的集成电路（IC）上，只进行必要的计算。微控制器虽然价格低、体积小，但它的 CPU 频率只有几兆赫兹到几十兆赫兹、内存的容量也只有几万字节，性能非常低，只能进行简单的计算（见图2-2）。

■ 图2-2 微控制器 ATmega328P（信息来源：日本 MediaSketch 公司）

与之相比，要想运行人工智能系统，家电产品也需要具备能与计算机等执行同样复杂的计算处理的硬件配置。因此，家电产品而必备有与计算机同等、甚至更高配置的 CPU 和大容量内存、硬盘等高性能硬件。此外，为了能够高速地进行人工智能处理，想必会有很多搭载图形处理单元（Graphics Processing Unit，GPU。它本来是计算机中图形处理专用的处理器，后来被发现能够高速处理人工智能的计算）的产品出现。

不过，与计算机相比，家电和汽车等产品的使用环境常常更苛刻，不能直接把计算机组装进去，今后厂商需开发高性能并且具备防尘、防水能力的零件和主板。

产品的操作系统

此外，当软件的规模变大之后，有人就会提出"程序不要一成不变，应与时俱进、保持更新""程序应修复安全漏洞""根据个人的使用习惯和爱好下载应用并安装"之类的需求。因此，可以想象将来所有产品都会搭载操作系统（美国微软公司的 Windows 和 Linux 这种基础操作系统）。

比如，手机在进化到智能手机后就搭载了多功能的操作系统，人们通过选择应用并下载安装，智能手机成了可定制的产品。这也是进化的体现。

以后微波炉、汽车导航系统等可能也会搭载操作系统，目前已经出现了搭载操作系统的产品。人们朝着实用化方向而加快开发速度的自动驾驶汽车也搭载了高性能的计算机，在它的操作系统上能够运行人工智能程序等各种各样的软件。

因此，在产品开发时，与硬件的性能相比，软件的性能和与互联网的交互能力更能决定产品的价值。实际上，丰田汽车公司董事长丰田章男已经将 IT 企业视为竞争对手，他说："美国谷歌、苹果、亚马逊公司成了汽车行业的'新玩家'。这是前所未有的竞争。我不想让汽

车变成日用品。" ❷

　　汽车行业的厂商已正式开始开发与现有的燃油发动机汽车相比结构更为简单的电动汽车，造车这件事变得越来越简单了。另外，使用人工智能的软件的价值增加了，软件公司的存在价值也增加了，目前出现了软件公司掌握商业主导权的趋势。因此，软件公司有可能与汽车厂商合作开发汽车，也有可能委托汽车厂商制造汽车。

　　今后绝大多数产品会发生汽车这样的变化，人们寻求的是迥异于以前的产品，这种产品具备搭载丰富功能并能与在线服务交互的软件、可安全又快速地运行软件的硬件。

2.2　制造业的人工智能应用和展望（生产管理篇）

利用人工智能缩减经费

　　许多企业期待在生产管理中利用人工智能实现自动化和缩减经费的目标，但实现方法没这么简单。其中的一个原因是引入人工智能需要花费大量经费。

　　全世界能够开发人工智能的工程师已经处于严重的人手不足的状态。因此，可以想象今后人工智能的开发成本将会非常高。而且在多数情况下，人工智能都是根据需求从头开始开发的。人工智能包含许多需要根据需求调整精度的参数，开发的通用包的用途非常有限。

　　如果企业运营的是大型工厂，即便只实现了 1% 的经费缩减，缩减的总金额也会很高，那么引入人工智能可能是有价值的（合算）。但除了这种情况，恐怕有许多情况是企业能够缩减的经费还不够担负人工智能的开发成本。

不使用人工智能的选项

　　企业为了消除浪费和提高生产效率等不必使用人工智能，许多情况下基于统计学进行简单的数据分析也能做到。

　　比如，对于找出哪个环节导致延迟这种问题，只需利用 IoT 等技术记录各环节的工作时间，通过 Excel 等工具实现"可视化"就能发现问题所在。

　　思考一下这样的场景：工厂没有记录与生产环节有关的数据，因此，效率的提高没有进展，在这种情况下企业轻率地引入了 IoT 和人工智能。在这种场景下，企业一旦看到预算超出预想的金额，或者不确定投资回报率是多少，可能会立即终止项目。类似案例屡见不鲜。

　　不管经历多少次的讨论和会议才得出预算，项目终止本身就意味着时间和成本的浪费。

成本不只包括制造成本，事务工作的浪费也很多，但是令人意外的是，很少有企业能意识到这一点。

企业在做好马上能做的事情的基础上，首先应与专家交流探讨使用人工智能是否合适。如果不使用人工智能也能解决问题，就没必要强行使用人工智能。

使用人工智能稳定产品品质

另外，人工智能在过程和结果有非常复杂关系的分析方面有着强大的能力。

比如，在制造化工品的工厂等场所中，有时会发生因制造环节的温度和湿度等环境条件的细微变化导致产品发生变化，出现大量不良品的事情。为了防止这种事情发生，可以使用人工智能对环境条件进行调整。

在日本，NTT 通信和三井化学两家公司正在进行一项实验：向人工智能提供煤气制造环节的原料温度、流量数据、反应炉温度等 51 种数据，由人工智能预测产生的煤气浓度。这项实验的目标是最终由人工智能控制、调整原料和反应炉，不管在什么情况下都能持续、稳定地产生高品质的煤气（见图 2-3）。

使用人工智能稳定产品品质的做法，使得提供前所未有的高品质产品成为可能。因此，可以期待人工智能今后向社会提供新的价值。

■ 图 2-3 NTT 通信和三井化学公司的验证实验的概念
（信息来源：笔者基于 NTT 通信和三井化学公司的资料绘制）

预测性维护

在生产管理环节积极应用人工智能的案例可提供预测性维护。预测性维护指的不是等工厂的机械等设备损坏之后，而是在检测到损坏的苗头时就通知管理者进行维护。

如果能在机械损坏之前检测到苗头，就能事先订购要更换的零件，或者进行检修，防止预料之外的故障发生。机械故障可能会导致生产活动的停止，甚至带来巨大的损失，在生产管理上将其防患于未然有非常大的价值。

预测性维护的具体做法包括使用人工智能分析声音。具有复杂功能的机械在出现问题时会发出异响。人耳不能分辨这种声音，人工智能却可以通过各个频段声音的变化检测到异响。除了声音之外，用于预测性维护的做法还有分析震动数据等。

大约在 2018 年出现了几家提供预测性维护解决方案的企业，相信今后这个领域的应用会取得进展。不过企业在引入时需要关注一些注意事项。

比如，在使用人工智能对声音进行检测时，我们很难知道是否能够检测出机械出现故障之前真正的异响。机械正常工作时的声音人工智能很容易学习，但是如果机械不出现故障，就无法得知异响。因此，企业不要立即引入解决方案，建议大家与厂商沟通，在事先验证能否检测出异常之后再正式引入。

异常检测与安全生产

人们期待人工智能在生产管理环节从各种角度检测出异常。比如，有人在考虑将人工智能应用在从工作中员工的心跳数等数据中检测出异常的场景。这么做的目的是保证具有安全的生产环境。

夏天，户外工作者有因为中暑等病状病倒的危险。但是，工作者本人常常感受不到中暑等疾病的预兆，自以为身体不要紧，继续工作。如果人工智能在当事人没有注意到的情况下，检测出身体的异常情况并通知当事人，就可防止事故和疾病的发生。这些安全生产的领域有很多应用人工智能的潜在需求。

现在许多工作现场都有危险作业，遗憾的是以往发生了很多令人心痛的事故。当前的安全管理以人的管理为中心，但光靠人力是有局限的。如果人工智能可以作为人力的补充，监视从各种传感器获得的数据，将会实现更安全的工作环境。

日本经济产业省等机构在积极地实施、应用人工智能的安全生产智能化。除了安排了实际进行验证实验的预算，他们还在探讨修改法律以减少对自主实施的企业的限制，提高企业的积极性 ❹。

生产计划

当前工厂的一个动向是在生产计划制定过程中使用人工智能。笔者认为今后发达国家的制造业会转变做法，从少品种的大量生产过渡到多品种的少量生产。不这样做，企业要想存活下去，可能会愈发艰难。

比如笔者以前提供过咨询的生产眼镜框的工厂和生产点心的工厂近年来有这样一种趋

势：每次订购少量商品的订单增加了，每批次的产品数（一次加工的产品数）减少了。这种趋势导致利润率降低了。同时，随着用户需求变得多样化，要求更细致了。因此，随着商品种类的增加，生产管理越来越复杂。

这导致人无法适应这种情况的变化，难以实时制订合适的生产计划。假如再发生订单的紧急变更和机械故障导致生产停止等各种预想之外的情况，就必须重新制订合适的生产计划，而这可能会超越人类的极限。

所以人们会考虑将人工智能应用于生产计划的制订和管理。举个简单的例子，企业可以让人工智能计算把某个任务安排给谁做能够增加产量。

每个人都有适合和不适合的任务。因此，企业可以让人工智能学习工人的配置和产量数据，计算明天让谁干几小时工作可以提高整体的生产率。

通过计算机的模拟，最终可以得到一座虚拟工厂。人工智能在加入订单状况和工厂状态等信息之后，可模拟一天的生产活动。还能想到的一种用法是通过检测模拟计划和实际情况的不同，人工智能可以迅速找出可能发生延迟的地方。

在生产之外，如果能将物流也加入人工智能的控制之下，则可实现零浪费、高效率的生产活动。这样就能建立即使订单数增加，依然以最少的人数支撑的生产体制。

2.3 汽车行业的人工智能应用和展望

汽车的生产现场

根据预测，从 21 世纪 20 年代开始，世界的汽车行业将逐渐从汽油发动机汽车过渡到电动汽车。原因有很多，其中主要的原因有充电电池的性能变高了，过渡到电动汽车之后的汽车零件将大幅度减少。一般来说，东西的零件越少，越不容易发生故障。

今后的汽车需要能够进一步满足由于人们的生活方式和喜好而产生的各种各样的需求。为了能迅速满足这种需求，零件数量越少越有利。再加上环境问题、维护保养的效率较低、公共交通越来越发达、共享服务（只在用车时付钱的服务）的"侵蚀"等问题，许多的变化在考验着汽车行业。这些变化有可能导致汽车更便宜、成为频繁买新换旧的产品。所以，这就产生了快速生产根据大小、颜色、配件等每位顾客的个人喜好细致地定制的汽车的需求。这种需求靠人力难以满足，想必在制订生产计划阶段引入人工智能的案例会增多。

日产公司已经在生产工程的设计阶段实际地使用虚拟工厂进行模拟，期待实现整个生产工程的最优化 ❺。

自动驾驶级别的定义

以后汽车必须具备的功能之一可能是自动驾驶。虽然都是自动驾驶，但根据人工智能负担的程度的不同，可以分为从完全自动驾驶到作为驾驶员的助理等不同的级别。

自动驾驶级别的分类指标有多种，在世界范围内有名的指标是美国汽车工程师学会（Society of Automotive Engineers，SAE）定义的自动化级别。日本政府在 2010 年之前采用的是美国高速公路交通安全管理局（NHTSA）定义的自动化级别，在 2016 年之后也切换为采用 SAE 的自动化级别了 [6]。

SAE 定义的自动化级别根据人工智能负担的程度的不同，分为 6 个级别：级别 0~5（见图 2-4）。

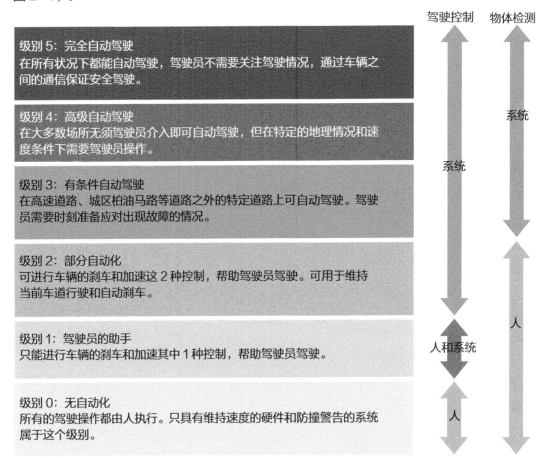

■ 图 2-4　SAE 定义的自动化级别 [7]（信息来源：笔者基于 SAE 的资料绘制）

级别 0 ~ 2 是由人主导的级别，称之为驾驶辅助功能比自动驾驶更合适。

级别 3 ~ 5 是所有驾驶操作由系统（人工智能）主导的级别。多数情况下，级别 3 以上的汽车要想在公共道路上驾驶，除了要保证自动驾驶的精度，还要等所在国修改法律。此外，万一发生事故，由谁负责、负多少责任都是问题，自动驾驶的实现并不简单。

不过，自动驾驶作为规模巨大的汽车市场的新的差异化要素，非常重要，多个国家和企业已有率先积极地着手自动驾驶的动向。

自动驾驶汽车的开发动向

德国早已举全国之力着手于实现自动驾驶。德国的无人自动驾驶汽车在 2019 年还只能在特定场所行驶，预计将在柏林市内特定公交路线和温泉街等道路上行驶。

日本的日之丸交通公司和 ZMP 已在 2018 年开始了自动驾驶出租车的实验。当时以预计在东京奥运会召开的 2020 年（因疫情影响，时间已变更为 2021 年）实现实用化为目标（见图 2-5）●。

■ 图 2-5 ZMP 的自动驾驶汽车（信息来源：日经 xTECH 杂志）

日本的汽车厂商也在世界的展览会，如美国最大的消费类电子产品展览会（Consumer Electronics Show，CES）等，公开了自动驾驶的概念车。本田公司展示了可自动驾驶的概念车 NeuV。除了自动驾驶的功能之外，该车还能通过人工智能识别驾驶员的情绪和驾驶习惯，帮助驾驶员安全驾驶（见图 2-6）。

■ 图2-6 本田公司的概念车 NeuV（信息来源：日经 xTECH 杂志）

丰田公司于 2018 年推进在 2020 年向雷克萨斯系列的高档车中，加入通过人工智能技术实现的自动驾驶功能，以级别 4 的在公共道路上自动驾驶为目标 ❷。

自动驾驶平台

自动驾驶的基础技术有计算机视觉。计算机视觉是通过分析图像和视频，判断其中的物体的技术。

以前汽车为了实现自动刹车等功能搭载了毫米波雷达传感器，对行驶路线上前方的物体进行识别。

与之相比，自动驾驶技术需要对汽车旁边所有方向和距离的人、标识、车辆等进行正确、实时的识别，所以在现有的传感器之外，还要使用人工智能的图像识别技术进行分析。因此，今后汽车内部也需要搭载高性能的计算机。

另外，从温度和湿度的角度考虑，汽车内部对于电子机器来说是非常严酷的工作环境。因而全世界都在开发能在如此严酷的环境下运行人工智能的兼具高性能和高耐久性的计算机。

此外，光靠硬件不能实现自动驾驶。要实现自动驾驶，除了要有高性能的计算机，还需要具有保存学习后的人工智能数据的数据库、接收道路状态和堵车信息等各种功能的平台。

整个平台全部由一个公司开发不仅费时费力，而且对于汽车厂商来说不熟悉的领域的技术也很多。这是人工智能牵涉了汽车厂商和 IT 企业，极大地改变了行业格局的原因。

在汽车行业，在计算机领域有强劲实力的企业实际上已经在不断地展示着存在感。在自动驾驶的平台上有影响力的是美国的半导体"巨头"厂商 NVIDIA 公司。NVIDIA 曾是因开发面向计算机的 GPU 而迅速发展壮大的企业，现在则因在早期就利用 GPU 适合人工智能计算的特点向自动驾驶领域发力而闻名。NVIDIA 开发了名为 NVIDIA Drive 的自动驾驶平台，德国的博世（Bosch）与戴姆勒（Daimler）、日本的丰田与斯巴鲁（SUBARU）等企业宣布使用该平台[10][11][12]。

NVIDIA Drive 平台由汽车中搭载的计算机硬件 NVIDIA DRIVE AGX 系列、从摄像头图像进行物体识别和汽车控制的 NVIDIA DRIVE 软件、模拟自动驾驶安全性的 NVIDIA DRIVE Constellation 组成[13]。NVIDIA 还发布了搭载于汽车的硬件 NVIDIA DRIVE AGX PEGASUS（见图 2-7）和 NVIDIA DRIVE AGX XAVIER。

NVIDIA Drive 能够支持相当于级别 5 的自动驾驶功能，今后如果为各汽车厂商所采用，有希望成为未来的通用平台。

■ 图 2-7 NVIDIA DRIVE AGX PEGASUS（信息来源：日经 xTECH 杂志）

汽车导航系统

汽车导航系统也因使用了人工智能而进化得更为智能。这种系统此前只能计算抵达目的地的最优路线，并用语音导航。今后在此功能之外，还能根据驾驶员过去的行动和兴趣爱好，通过语音提供推荐的观光景点、加油站、餐饮店等信息。

由于驾驶期间驾驶员不能查看导航系统的界面，所以需要用语音对话。这个场景下，基于人工智能的语音识别是必不可少的，通过正确识别出驾驶员说了什么，帮助他安全、轻松地驾驶。

丰田公司实际上已经在 CES 上发布了一款概念车"CONCEPT- 爱 i"（见图 2-8）。该车搭载了一种可与人工智能进行语音对话的导航系统，实现了通过与人工智能的对话播放性格音乐、推荐虽绕远但更有趣的路线等功能。

■ 图 2-8 丰田公司的概念车"CONCEPT- 爱 i"（信息来源：日经 xTECH 杂志）

今后的汽车导航系统将超越只能进行路线导航的阶段，进化为这种在安全性、便利性、娱乐性等多方面支持双向对话的系统。

2.4 农业、渔业、畜牧业的人工智能应用和展望

其实非常适合应用人工智能的是农业、渔业、畜牧业等第一产业。其中一个原因是这些产业面对的是大自然。

自然现象是由多种因素错综复杂地交织在一起而导致的。比如，追究台风和干旱的原因，先不管直接原因，其根本原因不是能简单解释清楚的。

这种对于非常复杂的现象的解析，分析其中的关系的工作，人工智能远比人类擅长。因此，以前依靠人的感觉培养农作物、动物的工作将由人工智能基于数据以更接近理想情况的形式

进行，这将是今后第一产业应有的形态。

人工智能与植物工厂

植物工厂是在受管理的封闭空间内栽培植物的工厂。在植物工厂内栽培植物的目的主要有以下3个。

（1）有计划、高效地大量栽培植物。

（2）在严格管理的环境中栽培高品质的植物。

（3）屋内的栽培可以避免虫害和灾害带来的损失。

建立植物工厂需要与外界隔离的完全封闭的空间以消除虫害和灾害的影响。因此，它不使用土壤，而采用只用水和营养液进行栽培的无土栽培方式，而且不利用太阳光，采用LED照明的栽培方法。在今后随着老龄化而出现的从事农业的人口减少的时代，植物工厂蕴含着极高的优点和极大的可能性。但在栽培之外的经营方面却存在着重大的难题。

最大的难题是栽培植物的销售如何扩大销路和保证利润等问题。此外，植物工厂内人为装备了LED照明、管理用计算机、机器人等设备，要花费大量经费。

再考虑到工厂的建设费、水电费、出现故障的机器人等设备的维修费，以低利润率、大量生产的方式维持下去是非常困难的。

比如日本生菜和小松菜等叶菜是比较容易栽培的，但这意味着它们不是珍贵的食材，开拓新的销路是困难的，失败的案例很多。

与之相反，草莓等水果虽然环境控制困难，但单价高。而且甜度高、颜色漂亮的品种可以作为高档食材销售，即使出货数量少也有希望获得高额利润。

对于与外界完全隔绝的植物工厂的环境，人们是能够手动进行一定程度的控制的。可以控制的对象诸如光照、光的颜色、温度、湿度、养分的量、二氧化碳浓度等。

世界各地开展了借助 IoT 和人工智能技术，基于数据分析如何控制环境使得栽培效率最高、如何高效地栽培困难的高档食材的研究。

比如日本的一个基于数据进行制造的著名案例是日本山口县岩国市的旭酒造株式会社酿造的日本清酒"獭祭"（见图2-9）。日本清酒是经大米发酵制成的。在制造过程中，酒窖的温度和加水的时机都是由被称为"杜氏"的匠人根据经验进行控制的。旭酒造株式会社将这些经验数据化，把所有制造过程都切换到由计算机控制，结果成功控制了味道，实现了稳定的品质。"獭祭"最终成了不只为日本人所喜爱，而且欧洲等世界各地人民都喜爱的产品。

再看另一个案例，日本岩手县二户市的酒厂"南部美人"将"杜氏"操作的酒米吸水时间数据化之后，交给人工智能分析，他们希望通过这种方式同时解决人手不足问题和技术的传承问题[14]。

■ 图2-9 旭酒造株式会社的"獭祭"（信息来源：日本 MediaSketch 公司）

还有日本的 Next Engineering 公司在日本宫崎县使用 IoT 控制栽培高档香蕉，种出的香蕉 1 根卖 1000 日元（1 日元 ≈ 0.06 元人民币）。此外，他们还应用最新技术，尝试在日本国内无农药栽培甜度非常高的香蕉，实验在日本全国进行。

人们期待最终由人工智能进行最优的环境控制，如能实现这个目标，就有可能自动培育出前所未有的高品质植物。

比较栽培与最优化

如前文所述，是否合算是植物工厂最大的难题之一。因此，工厂需要考虑尽可能地栽培并销售高价的植物，这就要求工厂需要向市场提供别处很难买到且高品质的植物。

比如，其实我们并不清楚在什么样的环境下栽培的草莓是甜的。这里的"并不清楚"包含 2 种意思：（1）没有搞清楚什么样的环境是最优的；（2）由于不同的品种适应的环境也不同，所以最优的环境有很多种情况。

那么，如何找出最优的环境呢？解决这个问题的方法是**比较栽培**。比较栽培是通过只改变栽培作物的环境中的一个环境因素，比较并找出作物如何变化的实验方法。

比如光是 LED 照明，就有光量、颜色（波长）、脉冲波开关的时间等许多因素。

不过，重复地改变环境进行比较栽培实验非常花时间。需要人控制的环境因素太多，只能培养出有一定程度改进的作物。这种情况可以使用人工智能。由人工智能来分析各种环境下的栽培数据，分析环境因素和成果的关系，这样就能使比较栽培实验高效地进行。

但对于这种实验来说，重要的是暂时抛弃常识，尽可能地在各种环境下进行实验。因为失败的数据也是人工智能用来明确关系的非常重要的数据。此外，人工智能发现人所未知的关系的可能性也非常高，这也是利用人工智能带来的好处（见图 2-10）。

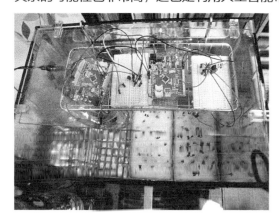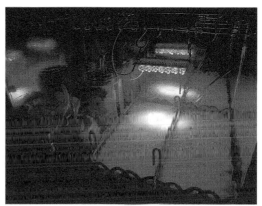

■ 图 2-10　笔者实施的使用 LED 照明栽培萝卜苗的实验环境以"红 2 蓝 1"颜色配比的 LED 照明栽培（信息来源：日本 MediaSketch 公司）

有些人可能会觉得有些难，但如果自己开发的人工智能找到了培育出最甜的水果的栽培方法，则会带来确立只有自己才能培育出最甜水果的人气品牌的机会。

除了水果，还有奶酪等发酵食品和酒类等，今后将是第一产业的各个领域使用人工智能抓住新的机会的时代。

人工智能与渔业

渔业面临着人手不足、从业人员老龄化等严重的问题。在这种背景下，渔业也在考虑在各种场景中使用人工智能。

一个例子是通过人工智能进行渔场位置预测的尝试。此前渔场位置都是基于渔师的经验确定的，今后人工智能根据鱼群探测器等设备收集的信息，有希望预测出去哪片海域可以得到多少渔获量。

鱼受水温、氧气含量、饲料的分布等各种环境因素影响而采取某种行动，但影响因素太多，人们还没有搞清楚这些因素与渔获量的关系。如果能通过人工智能的分析正确地预测出渔场位置，不仅渔获量会增加，还有望防止捕获幼鱼，起到资源保护的作用。

此外，在鱼类养殖领域，人们正在尝试对养殖环境加以控制，使用人工智能分析效率更高、能养殖出更多鱼的环境，实现正确的环境控制。

鱼也是有肉质的，如果这项研究取得进展，那么人工智能就有可能创造出可以控制的、培育富含脂肪的鱼的环境。另外，渔业中还有选择好的鱼和不好的鱼的工作，近畿大学水产研究所、丰田通商株式会社、微软日本公司正在进行通过图像识别选择养殖鱼苗的实验❸。

今后，渔业也会像这样应用人工智能，将各种工作自动化。

使用人工智能的新畜牧业形态

畜牧业也在使用人工智能减轻负担及进行品质控制上取得了进展。与植物和鱼不同，畜牧业的养殖对象是牛和猪等比较大的生物，人们可以利用每个个体的体温等数据。

如何收集在广阔的牧场里每头家畜的数据在以前是一大难题。但从 21 世纪 10 年代后半期开始，借助于属于低功率广域（Low Power Wide Area，LPWA）技术（以低耗电实现远距离无线通信的技术）的 LoRa 无线标准，数千米的无线数据通信得以实现，无论每头家畜在牧场的哪个角落，它们的数据都能被自动收集。

比如，对牛的体温等数据进行 365 天、24 小时不间断检测，根据数据的变化就能预测出牛的分娩时间。牛的分娩需要人在场，如果不能正确预测，预测结果有一定的偏差，那么饲养员只好在预测日期的一周之前开始 24 小时看守。因此，如果能正确地预测分娩时间，将会极大地减轻人的负担。

此外，通过人工智能对投喂给牛的饲料、牛的运动和肉质、牛奶品质的关系进行分析，有望实现对牛肉和牛奶的味道的控制。

2.5　医疗行业的人工智能应用和展望

医疗行业也在进行各种场景下应用人工智能的研究。有这样一种说法：随着人工智能逐渐得到应用，医生将会失业。笔者认为大家大可不必理会这种说法。

现代的人工智能是为了实现特定的目的而被开发出来的。因此，人工智能不可能代替医生要做的全部工作。医生是为患者所信赖，听取患者的忧虑，给出适当建议的非常重要的职业。也就是说，这是一个需要具有高超交流能力的职业，只有人才能担任。

目前，与医疗领域的人工智能应用等最新的医疗技术相关的法律修改和指导方针的制定，尚处于日本厚生劳动省和医疗相关团体等正在探讨的阶段（2018 年末本书执笔时）。当前的主流看法是由医生进行最终的诊断，并对诊断负责。

人们对医疗领域的人工智能应用的讨论焦点不在于由医生还是人工智能进行诊断，而在于如何应用人工智能减轻医生的负担，也在于如何把人工智能作为优秀的顾问，使得医生做好只能由人完成的工作。为了实现这些目标，今后医疗行业要做的就是形成医生和人工智能之间良好的协作关系。

通过人工智能诊断

人们很早之前就开始了通过分析数据，判断一个人是否患有某种特定疾病的研究。例如，美国斯坦福大学的 Bradley Efron、Trevor Hastie、Iain Johnstone、Robert Tibshirani 进行了一项研究，记录了 442 位糖尿病患者的年龄、性别、身体质量指数、平均血压、血清值等数据，使用回归分析这一统计学方法预测 1 年后糖尿病的进展程度[16]。

这项研究的论文数据被 scikit-learn 人工智能库（Python 编程语言生态中代表性的机器学习库）收录，常被用于人工智能的学习。像这样的针对患有某种疾病后会导致身体的某个部位出现变化的情况，通过使用人工智能分析这种变化，就有可能获得比人类的诊断更为正确的诊断结果。

日本的例子有：日立制作所开发了通过尿液检查乳腺癌和大肠癌的技术，岛津制作所也正在开发应用人工智能在两分钟内辨别癌症的设备[17]。

如果研究能取得进展，那么不只是现在的病情，人工智能有望预测出疾病将来的进展程度。更进一步地，它甚至有望在正式发病之前发现疾病的征兆，在极早期进行干预。那样的话，人们就不必在发病之后治疗，而是对疾病进行预防。如能实现，人类的平均寿命有望大幅延长。

通过图像识别诊断

拿糖尿病来说，对血液成分加以分析，有可能在一定程度上发现征兆。但是对于其他疾病，我们却不一定能从血液成分中找出蛛丝马迹。

这种只检测特定的成分并通过数值化形成的传感数据在人工智能的世界中是非常有限的。

因此，有一种不从传感数据，而从图像数据读取特定的征兆的方法，这就是计算机视觉。实际上，以某个部位为对象拍摄的图像中蕴含着大量人类所不理解的数据。人们正在进行使用人工智能分析这些数据，试图诊断出更多疾病的研究。用于诊断的影像除了常见的患部图像，还有 X 线影像、电子计算机 X 线断层扫描机（CT）影像、核磁共振（MRI）影像、细胞的显微镜图像等。

应用例子有日本高知县高知市的 exMedio 公司，该公司正在开发根据患部图像自动判断皮肤病的类别的人工智能程序（见图 2-11）。

远程诊断方式收集用于人工智能学习的图像

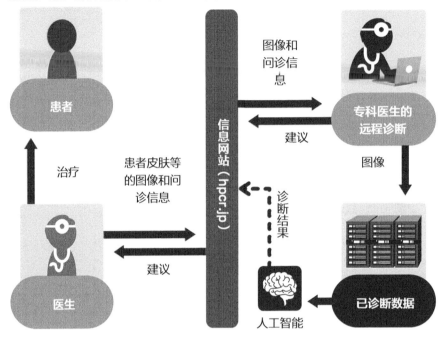

■ 图 2-11 exMedio 公司的人工智能皮肤病诊断系统（信息来源：日经 xTECH 杂志）

在医疗领域应用人工智能的注意事项

不过需要注意的是，使用人工智能进行影像诊断的设备是与确保医药品、医疗机器等的质量、有效性及安全性有关的法律（如日本的《药机法》）的审核对象，必须接受审核并取得许可。此外，在线的诊疗服务同样有可能需要在接受审核、取得许可之后，基于法律开展。

人工智能使得基于与人不同的角度从过去海量的数据中进行诊断成为可能，了解这一点很重要，但这并不能说明人工智能的精度一定高，它只是从统计学概率计算的角度判断各种可能性。

除了诊断的精度之外，还要考虑到责任的归属问题，一般的看法是最终诊断由医生进行。因此，从这些角度来看，使用人工智能的设备只提供了一些信息，这一点需要注意。

但是，在有了人工智能提供的之前没有的信息之后，非常有希望实现疾病的早期发现，延长人类平均寿命和健康寿命。今后，人工智能将会在医疗行业中得到积极的使用。

数据共享的问题

为了有效地应用人工智能，需要大量的数据。此外，为了提高精度，在开始应用之后也应尽可能地使用新的数据去训练人工智能。即便在医疗领域使用人工智能做分析，用 10 000 人的患者数据做训练也肯定比用 100 人的数据精度更高。

当然，光靠大量收集患者的数据不能实现高精度的诊断。以糖尿病的诊断为例，实际被诊断为糖尿病的患者数据不是收集一次就够了，而是需要不断地收集。因此，在医疗领域应用人工智能时，理想情况是能够高效地收集大量数据。为了实现这个目标，多个医疗机构之间需要实现数据共享，但在现实中却存在诸多问题。

比如使用许可的问题。大多数情况下，人们并没有想到这些数据将要被用于人工智能，因此没有从患者那里得到数据共享的许可。将这些数据共享给医疗机构，甚至企业时，从隐私保护的角度考虑，首先要明确数据共享给谁，然后必须单独取得使用许可。

此外，对于收集小分析与身体有关的图像等数据与致患者抵触心理强的情况，如何向患者说明并取得许可也是一个难题。收集数据的医疗机构至少应做到制定数据处理规范，并将其在网站等地方公布，向外界明示数据的处理情况、使用制度、利用范围等相关事项。

另外，严密保管和管理数据，防止重要数据泄露到外部这一点也有可能是医疗机构的新负担，这也是一个问题。

从法律的观点来看，为了防止不恰当的信息收集和处理，相关机构需完善数据共享和处理的相关法律，医疗管理部门和医疗团体还需制定相关规范等。

2018 年日本政府健康、医疗、护理信息基础研讨特别工作组探讨了完善健康、医疗、护理信息基础（临时称呼）的相关事项，以 2020 年之前实现各医疗机构的数据的共享为目标[19]。

新加坡政府在其"智慧国家"构想中，为了实现"智慧城市"的目标，构建了国有医疗技术数据的共享平台，通过互联网向患者提供查看就诊记录等信息的功能。

应用人工智能有望为地区带来很大的效益。因此，显而易见，政府和民间应齐心协力致力于实现应用人工智能的目标。

解析脑电波的可行性

理解人工智能也有助于理解人的感情。David Hubel 和 Torsten Wiesel 通过向猫展示不同的明暗模式，发现了脑（大脑皮质）的信号中存在着一定的规律，他们在 1959 年发表的论文中公布了这一发现，并凭借这篇论文获得了诺贝尔生理学或医学奖[20]。通过这篇论文，我们知道了人脑中产生的信号存在着不同的模式。

如果人脑中产生的信号存在着不同的模式，那么通过人工智能分析比如人的脑波和脑部血液流动等信息，不就可以知道人在想些什么了吗？基于这个假说，人们正在进行各种研究。

比如我们可以用大量人在看到红色纸时的脑波数据和看到蓝色纸时的脑波数据训练人工智能，这样就有可能从一个人的脑波数据判断出某人看的是红色纸还是蓝色纸。

听到使用人工智能判断人在看的东西以及人的感情，大家可能会感到有些恐惧，但这个研究可能有助于治疗精神科等科目的疾病。

在发达国家，自杀是年轻人死亡的主要原因之一，已成为一大社会问题。美国卡内基梅隆大学和匹兹堡大学的研究团队使用用于脑血流成像的设备——功能性磁共振成像（functional Magnetic Resonance Imaging，fMRI）的脑部血流影像数据训练人工智能，用得到的模型判断一个人是否有自杀念头的准确率达到了 90% 以上。这项科研成果发表在 2017 年的 *Nature Human Behavior* 杂志上[21]。

其实判断一个人是否有自杀念头非常困难，甚至本人都有可能说不清楚。但当人工智能理解人的感情之后，今后有望在许多场景下帮到人们。

2015 年 NTT 数据经营研究所、脑信息通信融合研究中心（Center for Information and Neural Networks，CiNet）、TEMS 公司宣布了基于对 fMRI 数据的研究，他们还联手开发了分析观看视频的人的感情的系统[22]。

现在的问卷调查结果的判断基准很模糊。比如"你觉得这个广告有意思吗？"这种问题，"有意思"的定义本身就是因人而异的。如果能成功分析出脑神经活动的数据，今后有希望帮助广告商制作出效果更好的广告（见图 2-12）。

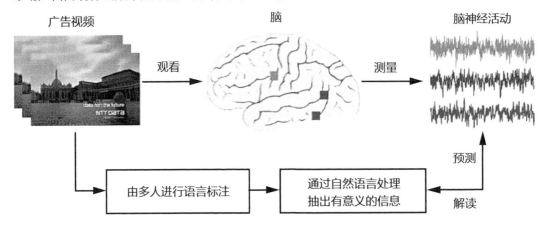

■ 图 2-12 视频中"场景的含义"和脑神经活动数据之间关联建立的示意
（信息来源：日经 xTECH 杂志）

人机接口

通过人工智能解析脑波等脑的信息，根据解析结果操作机器人和计算机的技术和设备叫作人机接口（Brain Machine Interface，BMI）。有了这项技术，即使身体无法移动，患者也可以光靠大脑的意念自由控制机械手移动物体。

人们开发 BMI 的主要目的是帮助身有残疾的患者操纵机器人来代替手和脚。

此外，用于治疗因脑卒中等原因难以移动身体的人的 BMI 治疗技术正在研究之中。

举一个应用 BMI 治疗的例子，假如有不能活动手指的患者，脑海中想着活动食指，这时装在手上的设备的马达就开动起来，进行活动食指的康复训练。这是旨在通过多次重复地进行康复训练，最终修复大脑神经的治疗[23]。对于各种残疾和疾病，通过 BMI，借助机器人代替身体活动，有望实现新的治疗方法。

将来，即便是身体健全之人，也可通过控制机器外骨骼（使用马达等设备帮助人活动的强化服）等设备，实现减轻身体负担、协助进行体力劳动等目标。

AI 新药研发

在新药研发领域，应用人工智能已成为常识。

要研发新的药物，首先要去关注导致待治疗的疾病发病的蛋白质，然后找到改变该蛋白质作用的化合物。这是基本的工作方法。

听上去很简单，可是一般来说，在作为攻克目标的蛋白质数据库中，与蛋白质结构有关的数据超过数十万种，有可能对目标蛋白质起作用的化合物超过数百万种。传统的新药研发的做法是基于人的经验从这些数据中找出可能会有效果的候选组合。

对于这些候选组合，工作人员是在计算机上模拟目标蛋白质与化合物结合后是如何起作用的。模拟之后，实际地验证其中可能有效果、无副作用的候选组合的效果和副作用。这个过程非常耗时和耗费精力，是新药研发的一大难题（见图 2-13）。

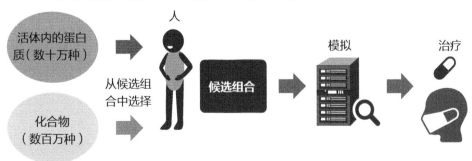

■　图 2-13　由人进行新药研发的过程（信息来源：日本 MediaSketch 公司）

此外，在新药研发领域，最先发现新的组合（药品）的公司可申请专利，拥有销售该药品的权利。因此，对制药公司来说，找到新的组合将直接对今后的经营产生很大的影响，而且对国家的经济也有很大的影响。因此，企业需要与大学和事业单位等研究机构保持紧密联系，使用超级计算机进行新药研发所涉及的数据库构建和计算机模拟。

各国之所以向计算速度最快的超级计算机投入大量的国家预算，不只是为了在计算速度的竞争中取胜，也是为了通过计算速度最快的计算机提高产业的竞争力。比如，使用计算速度最快的计算机，就有可能比任何其他国家都快地开发出更多的新药。换句话说，能为国家的经济带来巨大的收益也是各国投入重金的理由。

只有最先提出专利的人才能获得收益，第二个提出没有任何意义。

回到人工智能的话题。在新药研发领域，人工智能可被应用于寻找可能有效的蛋白质和化合物的候选组合以及候选组合的效果验证。这是因为光靠人的知识，从几万甚至几亿个数据中找出候选组合并验证的效率实在太低了。人们正在进行将人工智能应用到这种计算中的尝试，希望大幅缩短发现可能有效的蛋白质和化合物的时间。不过这种计算量不是一台服务器所能完成的，需要用到超级计算机或者与之相当的计算机系统。因此只靠制药公司应用人工智能困难重重。基于这个原因，制药公司常常会选择与 IT 公司进行业务合作。

例如，2018 年 1 月 DeNA 公司宣布与旭化成制药公司、盐野义制药公司合作，共同研究基于人工智能的新药研发方法[24]。

细胞培养

与植物相同，细胞也可以在受控环境下培养。在再生医学领域，研究者们正在进行使用诱导多功能干细胞（iPS 细胞）分化出特定的细胞和器官的研究。在 iPS 细胞的培养阶段，人们也在做应用人工智能的尝试。

辨别培养的 iPS 细胞是否优质需要由业务熟练的技术员观察显微镜给出结论，非常耗时。岛津制作所和筑波大学正在进行使用人工智能的图像识别技术，在更短的时间内筛选出优质 iPS 细胞的研究（见图 2-14）[25]。

可见，在 iPS 细胞的培养阶段也有望实现由人工智能进行管理，自动进行培养环境的控制和细胞的筛选等工作，想必今后在短时间内高效地培养更多细胞的研究会取得进展。

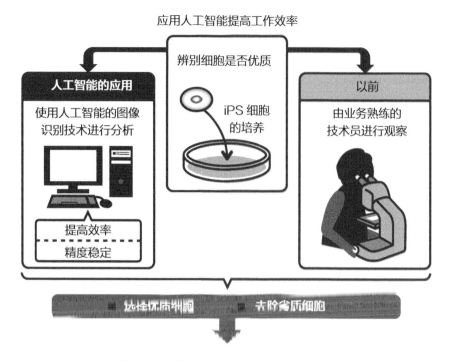

应用人工智能提高工作效率

辨别细胞是否优质

iPS 细胞的培养

人工智能的应用

使用人工智能的图像识别技术进行分析

提高效率
精度稳定

以前

由业务熟练的技术员进行观察

选择优质细胞　　　去除劣质细胞

■ 图 2-14　使用人工智能辨别细胞（信息来源：日经 xTECH 杂志）

2.6　建筑行业的人工智能应用和展望

工程和建设用车辆

工程和建设用车辆中也在引入人工智能技术。建设现场大多数是私有领域，普通人无法进入，因此，其比一般的公共道路更容易引入自动驾驶等技术。

日本小松公司在 2008 年发布了无人自卸车。在确保自动驾驶的安全性的前提下，即使只实现了高处等场所的泥沙的无人搬运，也会大幅减少人工搬运的负担，有助于解决人手不足的问题（见图 2-15）。

除了自动驾驶之外，今后能够执行无人挖掘等工作的车辆也将增加。实现人工智能化的工作类型数量也将大幅增加。这样看来，建设现场今后有望实现"工厂化"。

在建设现场，不但人手不足的问题严重，而且容易发生事故。因此，可以预测相关企业今后会积极地投资于应用人工智能实现工作自动化。有可能几年后建设现场就会有巨大的变化，届时操作人员只需专心监视车辆和系统运行情况即可。

■　图 2-15　小松公司的无人自卸车（信息来源：小松公司）

智慧家庭

　　随着人工智能技术的进步，普通家庭也将变为智慧家庭。更具体地说，智慧家庭就是通过 IoT 和人工智能技术实现了各种自动化的最适合自己的家。

　　比如，能够做到当家里的人到家门口时自动开门、离开家时自动锁门的安防系统等。

　　实现了智慧家庭的产品有美国 Nest Labs 公司开发的 Nest。Nest 不但具有温控器（带有温度计和湿度计、能够操作空调的机器）功能，还具有通过人工智能进行自我学习的功能，可以自动地调节到让人感觉舒服的环境。除此之外，它还具有烟雾检测和家庭安防功能，其作为实现了智慧家庭的机器，为全世界的用户所使用（见图 2-16）。

■　图 2-16　Nest Labs 公司的 Nest（信息来源：Nest Labs）

Nest Labs 公司于 2010 年创办，在 2014 年被谷歌公司以 32 亿美元的价格收购。凭借这次收购，它一举成为因搭载人工智能的产品而取得成功的著名企业。

对于智能产品，可以说自律性是必须具备的功能。今后，各种家电产品和安防系统可进化到无须由人操作、通过对人的行动进行预测和对爱好的学习自动运行的水平。为了实现这一点，各种机器要被设计为具备相互通信的功能、具有能够运行人工智能程序的处理能力。

2.7　金融行业的人工智能应用和展望

通过人工智能进行资产运用

在人们的印象中，金融行业似乎是比较难以接受新鲜事物的行业，但它其实是所有行业中，最积极引入人工智能的行业之一。金融行业本来就有基于各种经济数据采取行动的文化。因此，可以说金融行业具备容易接受人工智能的"土壤"。

现实生活中，与股票交易有关的判断已经逐渐从由人执行过渡到由人工智能程序执行了。标志性事件是美国投资银行高盛（Goldman Sachs）在 2000 年之后果将 600 位股票交易员替换为人工智能，并在 2017 年将交易员缩减到 2 人[26]。

投资判断从由人执行过渡到由人工智能程序执行的背景是人工智能做出的数据分析的结果比人做出的更精确。这是因为人工智能是基于天气、人口、政治形势、新闻等非常多的信息做出分析的。已经有许多企业使用人工智能进行股票交易了。

日本的三菱 UFJ 国际投信公司在 2018 年销售了由人工智能进行投资判断的投资信托基金[27]。除了三菱 UFJ 国际投信公司之外，全世界的投资信托基金公司都在积极地采用人工智能，从过去的数据中判断最容易获得收益的投资项目和收益比例。

可以预测今后的金融行业会像这样将各种投资判断交由人工智能进行，拥有最优秀人工智能的金融机构有可能会最受欢迎。

但采用人工智能的风险也令人担忧。全世界的人工智能可能在经历一定程度的学习之后，将对事件拥有相同的看法，如果有某个事件触发它们同时做出"悲观"的判断，可能会引起全世界同时发生股票下跌等后果，这种事态令人担忧。此外，对于大规模的自然灾害等数据的学习时间还不够充足，人工智能如何临机应变处理这些情况也难以预料。

对于金融行业，人工智能是一种有用的工具这一点是毫无疑问的。但同时不要忘了应用人工智能的风险，针对风险采取各种预防措施是非常重要的。

通过人工智能提高银行的业务效率

银行已经推进服务互联网化，只能在银行网点办理的业务逐渐减少。尤其在人口少、老龄化严重的日本，银行网点数量呈现减少趋势，新员工也逐渐减少。

银行有判断是否向企业提供贷款的业务，这项业务近年来出现了不由人来判断，而是应用人工智能判断的动向。

贷款业务以完整地回收借出去的钱和利息为目标。那么到底哪些情况才能保证贷款业务实现目标呢？由于这与非常多的因素有关，人很难做出判断。而如果用过去的成功回收的数据和未能回收的数据对人工智能加以训练，人工智能就能基于多种因素进行高精度的预测。银行具有像这样的将各种工作，尤其是事务性工作交给人工智能等应用自动化执行的趋势，可以预测银行的员工数量将会大幅度减少。

但有些工作还是只能由人完成。就拿贷款判断来说，并非所有的指标都是以数字的形式表示的。在今后瞬息万变的商业世界里，除了企业的财务数据之外，人才教育的情况、向新技术的研究投资获得的成果的情况都与企业的成长有着莫大的关联。

对于无法以数字表示的指标，人需要根据情况将指标值变换为数字之后来训练人工智能。因此，人工智能无法 100% 地做判断。

此外，预计今后银行内部各种 IT 系统和人工智能系统的运用维护工作会需要更多的人。

2.8   零售行业的人工智能应用和展望

Amazon Go 与超市的未来

2016 年，美国亚马逊公司开始了无人超市 Amazon Go 的试营业。Amazon Go 是使用 IoT 和人工智能技术，实现了"无收银台"概念的超市。

"无收银台"使得商店可以减少所需的店员数量，不但减少了成本，还有望化解人才不足的问题。对于用户来说的好处就是无须在收银台排队了。

没有收银台了，用户该如何支付呢？首先用户注册账号，然后在入店时打开手机展示二维码、进店。在店里，传感器和摄像头监视每个顾客的行为，在顾客出店时记录顾客放入购物袋中的商品，之后从顾客的信用卡扣款（见图 2-17）。

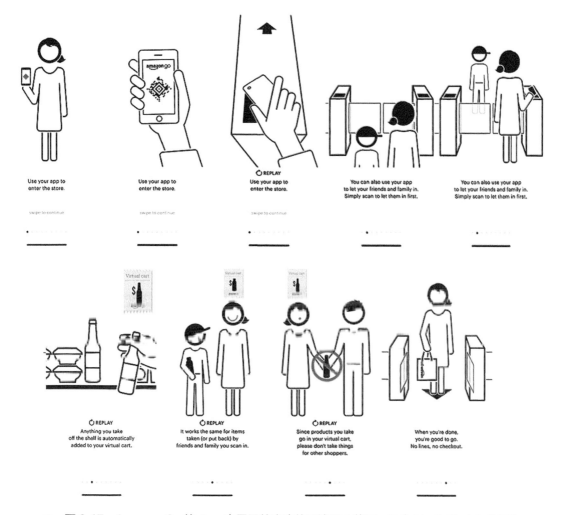

■　图 2-17　Amazon Go 的 App 中显示的商店使用流程（截图：日本 MediaSketch 公司）

要想实现这个流程，就必须正确地掌握每个顾客出店时向购物袋中放入了什么商品。

其实使用传统的射频识别（Radio Frequency Identification，RFID）技术能够知道谁买了什么商品。RFID 系统是内置了极小的电路，接近读写器后就能通信的标签。交通 IC 卡等内置的就是它。不过，若想使用 RFID，所有的商品就必须都得贴上内置了电路的标签纸，对于超市货架上大量低价格的商品来说成本上就不划算了，这是这种技术的缺点。

Amazon Go 在店里设置了大量的摄像头，由人工智能对从各个角度拍摄的视频进行解析，识别出谁向购物袋里放入了什么商品（见图 2-18）。当然，当多个人站在同一个位置时，这个位置就成为摄像头的拍摄死角了，视频中有可能完全记录不到手拿商品的画面，因此在从所有角度利用摄像头拍摄的基础上，还要利用测量货架上商品重量的重量传感器，通过多种手段确保正确识别。

■ 图 2-18 Amazon Go 商店（信息来源：日本经济新闻）

除此之外还有其他问题。比如在购入酒精类商品时需要通过顾客的身份证件确认年龄，在编写本书时（2018 年末），日本法律规定年龄确认必须由人进行。因此可以说实现超市的完全无人化还是很难的。

Amazon Go 通过这样的技术实现了"无收银台"，提供了无须排队即可轻松购物的全新价值，到 2021 年年底，Amazon Go 将在全世界开出 3000 家店铺[28]。

便利店与人工智能

便利店发源于美国，在日本流行并形成了现在的的形式。目前便利店的数量在日本尤为突出，有许多便利店提供多种服务。在日本，便利店最大的特征是 24 小时营业，以及设置了复印机和 ATM 取款机，并提供票务销售和代缴水电费等商品销售之外的各种服务。

日本的便利店公司常年苦恼于店员不足。此外，各店的老板逐渐老龄化也是当前存在的情况，因此这些公司正在致力于使用人工智能进行店铺的改革。

东日本铁路公司在 2018 年开始了东京都赤羽站的无人商店的实验。该店使用人工智能对设置在顶棚上的多个摄像头的视频进行分析，将顾客选择了哪种商品数据化，在顾客出店前，顾客使用 Suica 交通卡在支付闸机上刷卡支付。

笔者实地体验了一次购物，将手里拿的商品放回货架一次，两个人进入了店铺，最后只扣了笔者所买的商品的钱（见图 2-19）。

■ 图 2-19 东日本铁路公司的无人商店和选购商品的笔者（信息来源：日本 MediaSketch 公司）

便利店"巨头"罗森公司也在 2018 年宣布进军无人便利店。罗森公司的做法是在商品上贴上低价格的带有 IC 标签的贴纸，在顾客出店时与闸机的读写器通信，识别出顾客拿出去的是什么商品。也就是说，在宣布消息时还没有用到人工智能技术，不过想必罗森公司这是在为 Amazon Go 这样的商店今后进入日本做准备。

罗森公司也宣布了使用人工智能的虚拟店员（AI 店员）的消息。此前日本的便利店非常依赖来自外国（新兴工业化国家）的派遣店员。但新兴工业化国家的经济也在不断发展，特地来日本工作的魅力已不如从前，希望当店员的人数呈减少趋势。在此背景下，便利店店员的工资也上涨了。此外，与英语不同，日语是日本使用的语言，招到能说日语的外国人才并不容易。

为解决这些问题而出现的解决方案就是使用以虚拟形象和人进行对话的虚拟店员。然而，还有很多未知的问题，如它能和顾客进行何种程度的对话、是否真正有帮助、是否能够帮助商店节省人力等，这些问题都需要相关公司去解决（见图 2-20）。

■ 图2-20 罗森的虚拟店员（信息来源：日本MediaSketch公司）

应用聊天机器人

　　像罗森的虚拟店员这种不需要借助人的支持，而是使用程序回复顾客询问的技术研究正在加速进行。这是因为询问内容大多数都是相同的，全部由人来回答的做法是低效的。互联网上的电商网站和酒店预订网站已经开始应用使用人工智能技术的聊天机器人了。

　　聊天机器人是对于来自顾客以自然语言输入的"下周六还有双人房间吗"之类的问题，分析顾客想要的是什么，然后回复适当内容的服务。

　　今后，如果人工智能可以更准确地理解文本的含义，就有希望回复各种各样的询问。同时，服务提供者也可以通过人工智能组织出合适的回复。

　　另外，对于语音询问，由于利用人工智能的语音识别技术也能回复，所以可以减轻店铺的负担，这一技术也备受关注（见图2-21）。

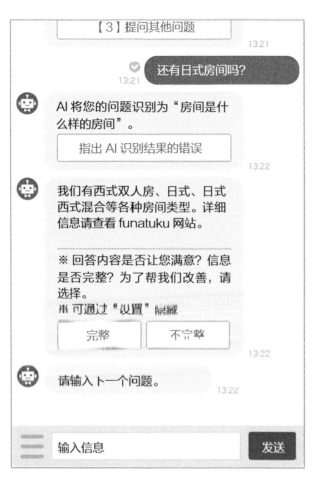

■ 图 2-21 使用聊天机器人进行询问的 Trip AI Concierge 服务（截图：日本 MediaSketch 公司）

应用人工智能进行需求预测

零售业和数据挖掘有分不开的关系。数据挖掘（Data Mining）是指从海量数据中挖掘（Mining）有益信息的技术。日本的便利店等非常重视数据挖掘，有的店铺的收银台软件里还有输入性别和年龄的按钮（不过现在有废除这些按钮的趋势）。

促成顾客购买行为的原因是多种多样的。比如，气温急剧下降时，热的饮料和食物就很好卖。在日本，如果某地附近召开运动会或文化节等活动，饭团的销量就会上升。分析这些原因，在店里摆上顾客想要的商品，这对于获取顾客的信赖非常重要。

尤其是日本的便利店，它们在非常狭窄的空间里要销售许多商品，需要尽可能地在货架上只摆放热销商品。因此便利店"巨头"已经向数据分析系统投入了数亿日元的资金。

今后，这样的数据分析将会通过应用人工智能来完成。使用与购买行为有关的所有数据训练人工智能，有望准确地对细小的用户需求做出预测，有利于减少浪费和防止机会损失。

如果人工智能能准确地对细小的需求做出预测，基于这个预测就能做出没有浪费的生产计划、销售计划和物流计划。对社交网站的数据进行分析也有助于需求预测。如果知道世界在流行什么，对这些数据进行分析，就能在真正意义上实现任何想要的商品都有的便利店了。

推荐

电商网站具有推荐功能。推荐指的是根据顾客的行为和购买记录等数据分析其兴趣和爱好，向其展示推荐商品的功能。亚马逊的"为您推荐"是一个有名的例子。

不过以前的推荐功能却并不智能。比如对于买了一本《IoT 的教材》的顾客，如果有其他顾客购买了《IoT 的问题集》的记录，那么推荐功能很有可能认为这位买了《IoT 的教材》的顾客也想买《IoT 的问题集》，在这位顾客查看的界面上作为"推荐"展示这本书。这样的分析方法称为**协同过滤**。

然而，这种简单的分析方法虽然看上去符合直觉，但对世界上有着与众不同想法的人来说就没有用了。如果用人工智能进行这样的推荐分析，可从大数据中准确预测顾客的兴趣和爱好，给顾客展示与其购买过的商品看上去完全无关的商品，触发新的购买行为。

参考文献

❶ Michael·E·Porter，Jim·E·Heppelmann 哈佛商业评论（Harvard Business Review）2015 年 11 月刊（英文）

❷ 日本经济新闻（日文）

nikkei 网站

❸ 日经 xTech（日文）
tech 网站

❹ 日本经济产业省 关于安全生产智能化的进度情况（日文）
meti 网站

❺ 日产汽车公司 质量保证措施（日文）
nissan-global 网站

❻ 日本内阁官房 IT 综合战略室 与自动驾驶等级定义有关的动向和今后的行动（草案）
（日文）
kantei 网站

⑦ SAE（英文）
sae 网站

⑧ 日本经济新闻 自动驾驶波及公共交通 日之丸交通和 ZMP 开始实验（日文）
nikkei 网站

⑨ 日本经济新闻 向世界提供自动驾驶的控制技术 丰田系 4 家企业成立新公司（日文）
nikkei 网站

⑩ NVIDIA 日本使用 NVIDIA DRIVE 使自动驾驶汽车行业高速发展（日文）
nvidia 网站

⑪ NVIDIA 实现无人驾驶：戴姆勒汽车、博世公司合作的机器人出租车采用 NVIDIA DRIVE（日文）
nvidia 网站

⑫ NVIDIA GTC Japan：自动驾驶技术成为国际会议的热点话题（日文）
nvidia 网站

⑬ NVIDIA "NVIDIA DRIVE"（日文）
nvidia 网站

⑭ 日本经济新闻 使用 AI 造酒，日本岩手县将匠人的技术数字化（日文）
nikkei 网站

⑮ 日本经济新闻 近畿大学和日本微软公司等使用 AI 提高选择养殖鱼苗的效率（日文）
nikkei 网站

⑯ Least Angle Regression Bradley Efron, Trevor Hastie, Iain Johnstone and Robert Tibshirani Statistics Department, Stanford University.
stanford 网站

⑰ 日本经济新闻 癌症早期发现的新技术：日立研发尿液诊断、岛津制作所使用 AI 仅用 2 分确诊（日文）
nikkei 网站

⑱ 日本经济新闻 使用 AI 诊断皮肤病即将实现，图像收集是关键（日文）
nikkei 网站

⑲ 日本经济新闻 医疗、护理行业的个人信息共享（日文）
nikkei 网站

⑳ D. H. Hubel, T. N. Wiesel.（英文）
RECEPTIVE FIELDS OF SINGLE NEURONES IN THE CAT'S STRIATE CORTEX.
ncbi 网站

㉑ Marcel Adam Just, Lisa Pan, Vladimir L. Cherkassky, Dana L. McM

akin, Christine Cha, Matthew K. Nock & David Brent.（英文）
Machine learning of neural representations of suicide and emotion concepts
identifies suicidal youth.
nature 网站

㉒ 日经 xTECH 使用大脑的终极接口能用于开展业务吗？（日文）
nikkeibp 网站

㉓ 日本经济新闻 使用脑波辅助难病的治疗，应用通过意念活动的 BMI 技术。可用于
手足麻木的康复治疗（日文）
nikkei 网站

㉔ 日本经济新闻 使用 AI 研发新药的 DeNA（日文）
nikkei 网站

㉕ 日本经济新闻 在再生医学领域开疆拓土的 AI，岛津制作所和筑波大学等将其应用
于 iPS 细胞的培养和选择（日文）
nikkei 网站

㉖ 日经商业周刊电子版 "驱逐"人类的华尔街的王者（日文）
nikkeibp 网站

㉗ 日本经济新闻 三菱 UFJ 国际：投资信托基金的投资判断全部由 AI 进行（日文）
nikkei 网站

㉘ 日本经济新闻 "在 2021 年底，亚马逊的无人商店数量将增加到 3000 店"（日文）
nikkei 网站

第 **3** 章

各国针对人工智能应用的政策

本章介绍在智能电网和智慧城市等关系到整个社会的系统中如何应用人工智能。

本章还会介绍促使在整个社会中流通人工智能所需的数据的开放数据（Open Data）。

请读者带着人工智能如何帮助人们构筑前所未有的便利、环保的社会的疑问阅读本章。

第 1 章

2

第 4 章

第 5 章

第 6 章

第 7 章

第 8 章

第 9 章

第3章

各国针对人工智能应用的政策

3.1　能源与智能电网

智能电网

　　智能电网是由计算机控制电流的输电网。在电力公司和用户之间，通常只有输电业务的往来。但有了智能电网后，除了输电业务外，双方也可以收发数据了。实现数据收发之后，就可以对业务进行远程控制。

　　比如用户乔迁新居时，原本要在控制面板操作的通电业务可以通过远程控制进行，这样电力公司的员工无须前往现场。此外，用户还能根据家庭电力使用的时间段及使用情况自动切换到便宜的电力系统。对于普通家庭来说，只需先安装智能电表，然后引入家庭能源管理系统（Home Energy Management System，HEMS），即可加入智能电网体系。

　　世界各国都将智能电网作为国家政策加以推进，但各国的情况各有不同。在日本，由于火力发电占比高、发电稳定，而且与其他国家比较，电费还算是便宜的，因此风力发电和太阳能发电等技术还没有得到普及。

　　日本夏季白天的电量消费容易急剧增加。因此，工厂和大楼正在验证通过在夜间存储电力等方式使得消费电量平稳化的措施。此外，剩余的电力在企业之间和工厂之间转让的做法也可以促使消费电量平稳化。各地对电量消费平稳化和削减电量消费的要求，促进了智能电网的应用。

　　在欧洲，对于可再生能源的利用还有政治方面的考量，对其利用得非常积极。可再生能源中占据较大比重的是太阳能和风能。但这些能源常为天气所左右，发电量不稳定。因此需要进行复杂的调控：将智能电网上大量的小型发电机的电力集中起来，只向有需要的地方发送其所需的电力。在全国以及所有地区实现优化发电目标的场景下，这种应用智能电网和人工智能来增加可再生能源的供电占比、同时保持稳定发电的做法备受期待。

智能电网和人工智能

　　人们正在推进人工智能在智能电网中的应用。对于智能电网，人们必须预测今后需要多少电，相应地要发多少电，对在发电量不足时从哪里调度电量做出计划，对因灾害发生的故障做出合适的反应。

其中非常重要的是对电力需求的预测。电力需求预测用到了人工智能。今后随着电动汽车的普及，人们对电力的依赖度越来越高，电力需求的变化可能会很大。这就需要人工智能基于各种要素，对诸如假日的电力需求、温度上升后的电力需求等场景做出正确的电力需求预测。

在此之上，监控电力的使用情况，对整个地区的输电网进行控制，使得需求和供给取得最优的平衡，这正是在不远的将来将会实现的新型输电网的样子。

3.2 智慧城市

智慧城市

智慧城市也就是"聪明的城市"，一般指的是利用 IoT 和人工智能等技术，向居民提供方便生活的服务的城市。这个用语还没有明确的定义，既可以代表引入了智能电网的城市，也可代表引入了 IoT 安防系统的城市。

新加坡的智慧国家计划

以大规模的智慧城市为目标的著名项目有新加坡政府正在推进的智慧国家计划（见图3-1）。

■ 图 3-1　智慧国家计划的官方网站（截图：日本 MediaSketch 公司）

智慧国家计划包含了各种政策。例如，将所有医院的病历和处方笺数据化，保存在国家准备的数据库中并全民共享（见图 3-2）。

■ 图 3-2　新加坡政府推广的作为智慧国家计划组成部分的健康管理应用 HealthHub（截图：日本 MediaSketch 公司）

此外，该计划中还包含在各处设置监控摄像头检测乱扔垃圾的人的设想。这将会用到人工智能的图像识别技术。

在交通领域，该计划提出的设想是所有的信号由系统进行控制，由人工智能预测每条道路的交通量，然后计算如何控制信号灯会不容易发生交通堵塞，从而按照计算结果控制信号灯。

这种能消除城市居民生活方方面面的浪费、使得居民舒适地生活的城市才是真正的智慧城市。为了实现这个目标，人工智能是不可或缺的。

使用人工智能制定城市发展计划

笔者在做演讲时，时常会收到诸如"将政治交给人工智能是不是更好""将来会出现人工智能市长吗"之类的询问。笔者个人认为，将政治交给人工智能的想法是非现实的、极其危险的。

在现实世界，总会有前所未有的事件发生。而且，要想用数值来表示人类的情感，还有很多的问题待解决。基于这些考虑，现在将政治交给人工智能的想法是非现实的（如果要考虑将来的可能性，那就话长了，这里就不加以讨论了）。因此，将人工智能的判断生搬硬套，直接作为政策施行的做法是不妥的。这是因为人工智能只会根据给予的特定数据思考合理的方法。

比如为了地方经济的发展，人工智能可能会给出对生产率低的老龄人口课以重税，将他们赶走，并对优秀的年轻人进行减税的政策建议。而如果真的施行了这样的政策，必将招致当地居民的反对和舆论的批判，因为这种政策完全没有考虑弱者。

但人工智能作为解决特定问题的顾问是非常优秀的。

在日本，NTT 集团应用人工智能开展了为了用于辅助城市发展计划而制定的信息分析服务。名为 corevo 的人工智能服务分析与地方相关的各种信息，做出诸如每个区域的人工增减预测和活动的客流预测、各种交通工具的拥挤程度预测、观光客的增减预测等（见图3-3）。

2018 年，NTT Docomo 公司计划使用人工智能预测 2020 年（因疫情影响，时间已变更为 2021 年）东京奥运会的拥挤区域和交通情况。想必今后各地方像这样地基于人工智能的分析结果制定计划会成为普遍的做法。

各地方在应用人工智能导致预测和现实不一致时，会将结果反馈给人工智能，使其习得当地特有的特性，最终得到深刻理解当地情况的人工智能，使其在不同的领域成为帮助建设智慧城市的不可或缺的顾问。

构成 corevo 的 4 种 AI 服务

Agent-AI

基于人发出的信息，帮助人们

获得人发出的信息

观光客辅助
看护行业辅助
固定业务辅助
窗口业务辅助

corevo

Ambient-AI

解读人、物、环境，瞬时预测和控制近未来

| 安全的交通手段 | 高度自动化 |
| 提高生产率 | 气象预测 |

Heart-Touching-AI

解读心理和身体，理解深层的心理、理智、本能

瞳孔
呼吸
心跳
肌肉活动
…

运动脑科学
根据心情做出不同的处理
应用于教育

Network-AI

整合多个 AI 的集体智慧，使社会系统整体最优化

社会整体最优化

网络领域的 AI 应用

网络稳定化

高效的故障修理

■ 图 3-3 NTT 集团提供的人工智能服务 corevo 的组成（信息来源：NTT 集团）

超越智慧城市

实现智慧城市后，从各种角度建设"无浪费城市"将变成可能。为了实现这个目标，除了人工智能之外，还需应用 IoT 和区块链等各种技术。这意味着各地方的数据分析结果应具备足够的合理性。

这将会使有些地方可能会进化为重点发展的中心区域或生活便利的紧凑城市。在人口少、老龄化加剧的地方，要激活整个地方的经济，需要巨大的成本。所以在这种地方激活经济是非常艰难的。因此，为了首先激活中心区域，有必要应用 IoT 和人工智能等技术来降低整个地方的成本。

另外，对于农村，不要放弃，而应建立一种高效率地维持农村居民生活的机制。在这一领域，笔者对智慧乡村非常感兴趣。为了做到即使周边商店稀少，生活也不受到影响，外卖服务和共享汽车服务（个人和企业间共享汽车等移动交通工具的服务）、远程医疗、利用智能电网的可再生能源等都是建立智慧乡村的具体方法。要实现这些方法，应用人工智能是必须的，还要应用微型水电站（小型水力发电设备）和 5G 等远距离高速无线通信等技术（见图 3-4）。

■　图 3-4　NTN 公司的微型水电站（信息来源：NTN 公司）

今后随着各种技术的进步，人们都集中在城市里工作的必要性越来越低。相反，有些年轻人希望在农村生活，以寻求内心的平静。想必到了那个时候，建设智慧乡村的需求将会增加。智慧乡村有望改变现在苦恼于人口稀少的农村地区，将其重建为适合当地特色的形式。

3.3　数据流通的现状和问题

数据流通的必要性

人工智能是计算机对人脑的模拟。对于人工智能来说，用于学习的数据就如同它的"血液"。为了激活人工智能、使其更聪明，必须向它输送大量的堪称"学习血液"的数据。因此，企业取得的数据不应独享，而应该在企业间共享。这样会促进人工智能的应用，进而促进社会的进步。在此背景下，各国应着眼于"人工智能时代"的发展，致力于促进政府和民间的数据流通。

到目前为止，主流的看法是数据应尽可能保持在企业内部，绝不能泄漏到企业外部。

但对于个人信息，我们要慎重对待，绝不能忘记保护个人隐私。

日本公共机构的公开数据推进

企业间数据的共享将会左右经济的前景。因此，这不管是对日本，还是对任何其他国家都是非常重要的。但拥有有价值数据的并非只有企业。各部委、地方政府、独立的行政法人等各类公共机构也拥有大量数据。公共机构不带头公开数据，民间企业的数据共享也难以取得进展。因此，日本政府在 2018 年 6 月宣布已迅速制定了《数字优先法案（暂定）》●。

原则上各部委拥有的数据需 100% 公开（在互联网上公开数据），该法案预计将包含这类内容。该法案基于将气象观测及预测数据、交通事故及犯罪发生的信息、船舶位置及航向信息、公共交通工具运行位置信息等信息数据化之后作为公开数据提供的考虑而制定。不管该法案最终是否通过，已经有一些数据作为公开数据了。这些数据公开在 DATA GO.JP 网站上（见图 3-5）。

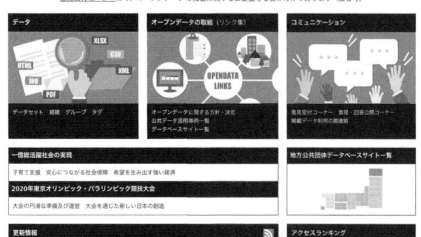

■　图 3-5　日本的公开数据网站 DATA GO.JP（截图：日本 MediaSketch 公司）

到 2018 年 12 月，该网站已公开 22 441 份数据。比如日本农林水产省在该网站上公开了奶酪需求相关的数据（见图 3-6）。但该网站已公开的还只是公共机构拥有的部分数据，今后将会有更多的数据作为公开数据提供。

■ 图 3-6　平成 29 年（2017 年）的奶酪需求数据表（截图：日本 MediaSketch 公司）

这些数据以 Excel 文件形式公开（见图 3-7）。因此，比较容易用软件读取数据进行分析。

チーズの需給表

項目	年度	20	21	22	23	24	25	26	
国産ナチュラルチーズ生産量 ①	(②+③)	(100.3) 43,082	(104.5) 45,007	(102.7) 46,241	(98.2) 45,425	(102.4) 46,525	(104.3) 48,534	(96.6) 46,877	(9) 45
プロセスチーズ原料用 ②		(92.7) 22,878	(110.5) 25,278	(104.4) 26,385	(93.8) 24,745	(101.3) 25,071	(102.2) 25,617	(95.1) 24,354	24
プロセスチーズ原料用以外 ③		(110.5) 20,204	(97.6) 19,729	(100.6) 19,856	(104.1) 20,680	(103.7) 21,454	(106.8) 22,917	(98.3) 22,523	21
輸入ナチュラルチーズ総量 ④	(⑤+⑥)	(81.1) 171,382	(106.7) 182,944	(103.6) 189,466	(111.7) 211,697	(108.1) 228,754	(96.5) 220,734	(103.1) 227,656	248
プロセスチーズ原料用 ⑤		(88.9) 59,048	(105.4) 62,237	(103.5) 64,439	(111.0) 71,547	(96.2) 68,827	(100.0) 68,841	(103.1) 70,946	77
「うち関税割当内」		(87.8) 52,754	(102.4) 54,042	(107.6) 58,162	(105.2) 61,197	(97.3) 59,560	(99.7) 59,385	(98.2) 58,309	58
プロセスチーズ原料用以外 ⑥		(77.5) 112,334	(107.5) 120,707	(103.6) 125,027	(112.1) 140,150	(114.1) 159,927	(95.0) 151,893	(103.2) 156,710	170
ナチュラルチーズ消費量 ⑦	(③+⑥)	(81.2) 132,538	(106.0) 140,436	(103.2) 144,883	(111.0) 160,830	(112.8) 181,381	(96.4) 174,810	(102.5) 179,233	192
プロセスチーズ消費量 ⑧	(⑨+⑩)	(90.8) 105,287	(106.6) 112,184	(103.9) 116,549	(106.0) 123,552	(97.2) 120,109	(100.3) 120,525	(98.8) 119,045	127
国内生産量 ⑨		(89.9) 96,673	(106.8) 103,268	(103.8) 107,172	(106.0) 113,625	(97.5) 110,800	(100.6) 111,461	(99.2) 110,548	119
輸入数量 ⑩		(102.1) 8,614	(103.5) 8,916	(105.2) 9,377	(105.9) 9,927	(93.8) 9,309	(97.4) 9,064	(93.7) 8,497	8
チーズ総消費量 ⑪	(⑦+⑧)	(85.2) 237,825	(106.2) 252,620	(103.5) 261,432	(108.8) 284,382	(106.0) 301,490	(98.0) 295,335	(101.0) 298,278	320
国産割合(%) プロセスチーズ原料用②/(②+⑤)		27.9	28.9	29.1	25.7	26.7	27.1	25.6	2

■ 图 3-7　Excel 文件展示的奶酪需求数据（数据来源：日本农林水产省）

日本以外国家的公开数据推进

美国正在推进公开数据。已经公开的数据可从 DATA.GOV 网站上下载（见图 3-8）。

用户可从该网站任意下载公共机构管理的农业、气象、物流、教育、能源、健康等各领域的数据。在美国，不仅中央政府，各州和各城市也积极地开设了各自的公开数据网站。除了美国之外，有些国家也积极地在互联网上推进数据的公开。

■ 图 3-8　美国的公开数据网站 DATA.GOV（截图：日本 MediaSketch 公司）

在欧洲，欧盟（EU）各成员国不仅开设了各自的公开数据网站，还开设了欧盟全体的公开数据网站 EU Open Data Portal（见图 3-9）。

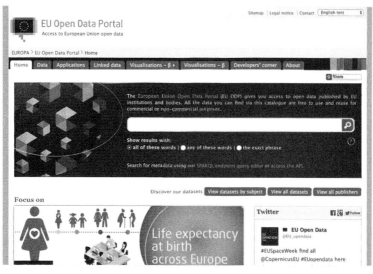

■ 图 3-9　EU Open Data Portal（截图：日本 MediaSketch 公司）

与公开数据有关的问题

例如，使用人工智能预测农产品的产量时，收集的数据越多，预测的精度就越高。所需的数据量与预测的目标和数据的内容有关，一般来说需要几千甚至几万个数据的情况是很常见的。

现有的公开数据还不是很多，今后还需收集并公开更多的数据。

此外，目前很多公开的数据文件形式是 PDF 文件和 HTML 文件，虽然适合阅读，但却不利于软件分析。为了使软件能够更顺畅地读取数据，数据需要以 CSV 文件和 Excel 文件等形式公开。另外，为了更便于数据分析等软件的使用，还应以 Web API 的形式（外部软件直接请求并下载数据的方式）公开。这些要求都对数据的公开造成了一些障碍。

促进民间的数据流通

另外，日本为了促进民间企业的数据流通，基于由内阁官房 IT 室、经济产业省和总务省设立的 IoT 推进财团、总务省的信息通信审议会等机构所做的各种探讨的内容，设立了由民间企业组成的数据流通推进协议会 ❷。数据流通推进协议会的工作目标是自行编制数据流通行业的规则、研究安全地提供数据的技术及制定精度标准。

通过设立这样的由民间企业组成的行业团体，企业就能共享和分析更多的数据，向社会提供新的价值。

信息银行

信息银行是作为民企间交流数据的中介，暂时保管数据的组织（见图 3-10）。它不是保管资金、进行贷款业务的组织。信息银行是 2016 年日本政府举办的数据流通环境整治讨论会的主题。可以想到的信息银行的作用有数据真实性的检查、是否含有个人信息的匿名性检查、数据提供者和购买者的"撮合"等。

数据交易不只有免费的交易，还有收费的交易。当有人购买数据时，信息银行向数据提供者支付从销售额中扣除手续费后的金额。数据提供者主要是企业，不过也有个人提供自行收集、编制的数据的情况。

日本几家民企以 2018 年成立信息银行为目标。三菱 UFJ 信托银行在 2019 年开始向其他企业提供数据流通服务，这些数据是保存的用户个人数据，得到了本人的同意 ❸。在 2018 年，该银行利用该数据流通服务，与 asics 公司合作，开始了向企业销售顾客穿着 IoT 鞋行走时获得的位置信息等数据的验证实验（见图 3-11）。在销售鞋子时，向作为数据提供者的穿鞋行走的顾客询问是否同意提供数据。数据卖出时，个人数据提供者也能获得返还的部分销售额，所以顾客光靠走就能获得数据销售的收益。

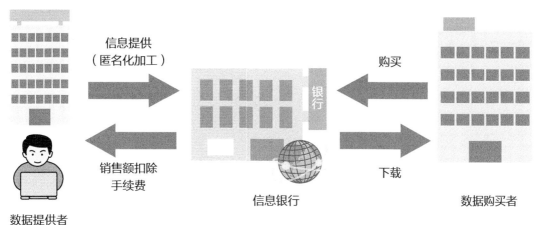

■ 图 3-10 信息银行示意（信息来源：日本 MediaSketch 公司）

■ 图 3-11 三菱 UFJ 信托银行和 asics 公司开发的 IoT 鞋子（信息来源：日本 MediaSketch 公司）

另外，在 2018 年日本总务省选定日立制作所、三井住友银行、JTB、中部电力等 6 家公司，委托它们进行信息银行的实际验证实验❹。

根据预测，今后信息流通及信息银行相关的产值会变大，相关产业有成为巨大产值市场的潜力。因此，预计将有各领域的企业依次加入竞争，市场竞争将变得激烈。

促进民间数据流通存在的问题

在新加坡，作为智慧国家计划的一环，政府正在促进国内医院超越组织边界，共享诊疗数据和处方笺相关数据。在 2018 年，新加坡已完成国有医院的数据共享，任何人都能在智能手机上查看自己过去在各个医院的诊疗记录。

但非国有医院还未向外部提供数据，除了担心泄露患者信息的风险，没有理解数据共享的好处也是一个原因。

从个人和社会整体的角度考虑，超越组织边界共享数据有着巨大的意义，希望民间的组织在认识到共享数据能促进个人生活更加方便，而且对整个社会也是有益的基础上，积极地公开数据。

参考文献

❶ 日本经济新闻　《内阁会议决定政府的行政服务 100% 数字化》（日文）
nikkei 网站

❷ 数据流通推进协议会　《一般社团法人数据流通推进协议会介绍》（日文）
meti 网站

❸ 日本经济新闻　《三菱 UFJ 信托银行开设个人数据银行 19 年开始提供服务》（日文）
nikkei 网站

❹ 日本总务省　《平成 30 年度（2018 年）预算　与信托功能活用促进事业有关的候选委托公司的决定》（日文）
soumu 网站

商业篇

第 4 章

人工智能项目的推进方法和注意点

人工智能技术蕴含着巨大的潜力，备受瞩目。企业的广告策略利用了人们的这种期待，所以我们到处都可以看到企业重点宣传其使用了人工智能的广告。这种策略本身虽没有问题，但是商品的价值是由其用户决定的。就算一时畅销，但从长期发展来看，商品提供的功能必须具有价值。因此，重要的不是仅仅使用了人工智能，而是为了向顾客提供有用的价值而使用了人工智能。

本章介绍在推进提供有用价值的人工智能项目时有用的方法和框架，以及解决各种问题的手段。

第**4**章

人工智能项目的推进方法和注意点

4.1 人工智能项目的策划

多数企业都希望通过应用人工智能来引发创新。在企业内引发适应时代的创新，带来业务效率的提高和销售额的增加，这是非常好的事情。创新也是企业今后的使命。创新有两种，一种是流程创新，另一种是产品创新。

流程创新指的是在从原材料等的进货到制造、销售等环节的流程中，引入新的机制和工具，提高业务效率、提供新的价值的创新。而产品创新指的是使用新技术提供此前不存在的产品和服务的创新。

虽然两种创新都非常重要，但除了特别大的企业，一般企业很难同时进行这两种创新，企业需要考虑二者的先后顺序之后再推进。

此外，应用人工智能需要优秀的技术工作者，其成本比一般软件开发的更高。因此，企业应在计算实现创新的效果和成本的基础上，探讨是否应使用人工智能。但光探讨不行动是带不来创新的，重要的是快速探讨并得出结论。

目标的设定和共有价值的创造

应用人工智能时必须铭记的是"应用人工智能本身不是目标"。企业与研究机构不同，追求利润是非常重要的目标。因此，企业必须考虑应用人工智能所能获得的价值。

另外，由于人工智能的各种技术日新月异，企业一旦决定开始应用人工智能，就要知道传统的一步步地建立事业战略和计划并予以实施的做法是有局限的。企业不仅要避免比以前还要多的风险，还需保证速度。

在这样的背景下，企业战略论领域出现了各种各样的新方法。其中之一就是 Michael Porter 和 Mark Kramer 在《哈佛商业评论》杂志上发表的论文中提倡的共有价值创造（Creating Shared Value，CSV）框架。在这个框架中，两位作者阐述了对企业来说重要的不是追求经济的利益，而是将解决社会问题作为奋斗目标的观点。

这个框架也可以用于人工智能的应用。首先，发现企业和社会现有的问题，思考通过解决这些问题能够提供什么价值。然后企业确认是否能赚取利益，思考使用什么技术、能实现到何种程度。基于结果，如果确信使用人工智能可以不断带来收益，就可以尝试去做了。

相对地，如果不使用人工智能、简单的做法也能产生巨大的价值，那么没必要特意去使用人工智能。

创新者的窘境

确定目标之后，终于可以开始推进项目了。在项目推进时，非常重要的事情就是迅速推进。在多数情况下，使用人工智能的项目都是前所未有的项目，设立的目标都是有挑战性的。因此，召集干劲十足的少数人精英团队迅速行动、理出课题、通过雇佣必需的人才或者借助外部的力量来解决课题以实现项目的快速推进是非常重要的。此外，还需时时留意其他公司可能会先行销售同样的产品或服务。

有的企业会因为各种问题导致项目难以取得进展。对于这些企业，可以参考 Clayton Christensen 在 1997 年出版的经营理论图书《创新者的窘境》。

在这本书中，Christensen 指出精于管理的大型企业很难做到破坏现有产品的价值而创造出具有全新价值的、破坏性的创新产品。他提到了出现这种现象的原因是全新的产品和服务的市场在其黎明期的市场规模很小，难以预测其前景，所以很难得到股东们的理解。在此情况下，大型企业为了迅速推进项目，应实施以下措施：

- 收购创业公司；
- 与创业公司共同研究开发；
- 设立推进项目的子公司；
- 聘请项目之外的人物（中心人物）负责项目的推进。

大型企业尤其喜欢频繁地投资或收购人工智能相关的创业公司。一个著名的例子就是美国谷歌公司收购英国 DeepMind 公司。该公司就是开发出击败了世界围棋排名第一的中国棋手柯洁的 AlphaGo 的创业公司。另一个被人们热议的例子是著名的美国特斯拉（Tesla Motors）公司的首席执行官 Elon Musk 投资并参与启动的名为 OpenAI 的人工智能开发项目。

人工智能和知识产权

使用人工智能开发出全新的产品和服务时，必须考虑获得防止仿制品的专利。专利能否获得，取决于用什么样的专利内容提出申请，企业需要和律师探讨，具体问题具体分析。

一般来说，在申请专利时需注意信息保护。如果在 Web 网站和展会等公开了专利的内容和原理，其将成为被公众所知的事实，有可能无法拿到专利授权。作为论文发表后，专利的内容和原理也有可能被认定为公众所知的事实，需引起注意。

4.2 数据的收集和管理

为进行人工智能的应用需收集的 3 种数据

人工智能从各种数据（特征变量）之中找出其与目标数值（目标变量）的关系。但是将哪种数据作为特征变量来进行学习可以找出关系呢？在实施项目之前进行正确地预测并不容易。而且，由人轻易地决定要或不要哪种特征变量，有可能导致无意识地削减由人工智能分析能够发现关系的数据。

比如在使用人工智能预测销售额时，人工智能可能会计算出气温会对销售额的变动施加某种影响。因此，在成本和资源允许的范围内，我们应该收集并管理所有可能与目标数值有关系的数据，然后训练人工智能。

作为收集对象的数据包括以下 3 种。

（1）内部数据：在企业内部的 IT 系统管理的数据。

（2）传感数据：基于某个目标，利用温度和光照强度等检测物理量的传感器获得的数据。

（3）外部数据：通过互联网等手段从外部组织获取或购买的数据。

内部数据的收集和管理

内部数据是在企业内部产生并管理的销售、人事、财务、商品等数据。在应用人工智能对企业商品的销售额和库存进行预测、制定人员的配置计划时，这些数据都是必需的。

因此，通过业务系统对数据进行适当的管理是必要条件，必须尽可能地保证不存在缺陷数据（因错误等原因导致部分数据不存在）。

重要的是系统应具有能够向外部程序轻松提供人工智能计算所需数据的数据库。构建好为特定系统专用的数据库后，数据的提供就并非难事了。具体来说，系统只进行必要的、最低限度的认证，认证后所有程序都能获取必要的数据。这种结构称为**松耦合架构**。

传感数据的收集和管理

传感数据是使用温度传感器、光照强度传感器、距离传感器等传感器收集的数据。一般来说，通过被称为传感设备的机器获取的传感数据被发送到具有数据库的服务器进行保存。此外，拍摄视频的摄像头和收集声音的麦克风也是传感设备的一种。

比如草莓种植行业可以收集种植操作的温室内的温度、湿度和土壤的湿度等信息。对环境有关的信息进行收集的做法被称为**环境监测**。

在工厂里设置距离传感器，当零件通过时距离值会变小，计算变小的次数就能自动地数出零件的个数。这种对事件发生的检测称为**事件感知**。

使用人工智能处理传感数据时，需特别注意的是尽可能不要出现因传感设备故障等问题导致的**缺失值**（只在某个时间段没有获得的不存在的数据值）和**异常值**（因故障等原因导致的异常的数据值）。因此，我们需要事先考虑好传感设备没电和故障发生时的对策。

因分析目的的不同，数据获取的间隔也不同。而且，有时候不使用人工智能实际地去分析，我们也不知道需要什么样间隔的数据。

不过对于获取的短间隔的数据，还可以通过取平均值的方式生成长间隔的数据。但反过来我们却不能根据长间隔的数据生成短间隔的数据。

因此，在设备容量和网络等资源允许的范围内，获取并保存尽可能短的时间间隔的数据更让人放心。

外部数据的收集和管理

从外部获取数据的方法包括免费获取数据的方法和有偿购买数据的方法。

在互联网上公开、可免费下载的数据被称为**开放数据**。不过需要注意的是，开放数据不等于可以"随便使用"的数据。

尤其在商业服务中使用数据时，有些情况下必须明示数据的著作权、获得商用许可或者支付使用费用。关于每个数据集的利用规约，要么向公开数据的组织确认，要么遵循公开数据官网上的规约。

数据的公开格式多种多样，有的以将纸扫描后制作成的 PDF 格式公开，也有的以 CSV 格式（以逗号分隔的文本格式）和 Excel 格式公开。对于这些数据，首先需下载数据，之后需开发将数据读取到程序的代码。

预计今后程序可以直接查看或读取数据。对于这种情况，提供数据的一方需要以被称为 API 的 Web 接口的形式提供，便于使用者获取数据。使用者访问在特定 URL 上提供服务的程序，程序将会返回所需的数据。

比如提供世界气象数据的 Web 网站"OpenWeatherMap"，使用者访问程序，程序将会以 JSON 格式返回伦敦现在的天气信息（见图 4-1）。

{"coord":{"lon":-0.13,"lat":51.51},"weather":[{"id":300,"main":"Drizzle","description":"light intensity drizzle","icon":"09d"}],"base":"stations","main":{"temp":280.32,"pressure":1012,"humidity":81,"temp_min":279.15,"temp_max":281.15},"visibility":10000,"wind":{"speed":4.1,"deg":80},"clouds":{"all":90},"dt":1485789600,"sys":{"type":1,"id":5091,"message":0.0103,"country":"GB","sunrise":1485762037,"sunset":1485794875},"id":2643743,"name":"London","cod":200}

■ 图 4-1 OpenWeatherMap 的数据示例（信息来源：日本 MediaSketch 公司）

通过爬虫收集数据

MEMO

互联网上存在着各种各样的网站和网页，但并非所有的网站都提供可下载的数据。

因此，人们发明了解析显示于 Web 浏览器的网页信息，从中取出必要的信息的方法。这种从网页信息中只取出需要的信息的方法被称为"爬虫"（网络爬虫）。具体来说，程序记录某网页中何处有必需的目标信息，然后定期地卜载并保存必需的数据。

随着人工智能的普及，爬虫成为备受瞩目的技术，人们发布了许多简化爬虫开发的库和工具。但在运行爬虫时，请注意采取措施，不要因爬取的数据信息和使用目的而损害网站所有者的权利。

4.3　人才不足问题的解决方法

日本工程师不足的现状

企业在推进人工智能项目时，首先不得不考虑的是"由谁开发"的问题。

不只是日本，全世界都面临着能开发人工智能的工程师不足的问题。从深度学习方法出现以来，一直存在着各国的大型企业为了应用人工智能，开出高额的工资争夺一部分优秀工程师的情况。

尤其是 GAFA（美国四大 IT 企业，即谷歌、苹果、脸书、亚马逊的合称）采取了从早期开始以高额报酬物色人工智能工程师，收购集中了优秀工程师的创业企业的做法。其中谷歌公司更是以让所有人都惊叹的高价成功收购了美国的 Nest Labs 和英国的 DeepMind 这两家创业企业。

阿里巴巴、华为、鸿海精密工业等新兴企业加入人才争夺，使局面成了世界范围内的"人才争夺战"。对新加坡和印度等比较擅长英语的地域的人才争夺战尤为激烈，即使是刚毕业的学生，只要发表过论文并得到认可，拿到超过 3000 万日元（约 30 万美元）年薪的案例也屡见不鲜。

而日本的企业则给人一种完全错过了这一竞争的印象。究其原因，主要是日本企业已经形成了给予刚毕业的员工基本上同一水准的初次任职工资的制度，一下子为优秀员工开出超过 1000 万日元（约 10 万美元）年薪的工资很难得到大家的赞同。此外，对于外部招聘的员工，由于日本企业年功序列的制度，如果从外部招聘的员工工资超过长年在企业工作的老员工，有可能会招致在职员工的强烈抗议。

在此背景之下，日本的现状就是在顶级大学学到了人工智能技术的毕业生要么选择在外企工作，要么自己创业。

今后，日本的大型企业卷入国际竞争的可能性很高。国际竞争的对手可不会照顾日本企业的习惯。全世界的企业可能都必须变成这样的组织：在常识不断被颠覆的时代，采取之前想都没想过的策略，根据环境的变化灵活地做出反应。采用年功序列制度的企业今后可能需要改变这种制度。

人工智能教育的必要性

企业并不一定要从外部招聘人工智能工程师，也可以采取从现有员工中培养人工智能工程师的做法。有些企业的人事专员可能会担心好不容易培养的员工会因为外面的工资高而人才外流，但老是这样想什么也做不成。他们应该这样想：就算这些员工只为企业服务了一年也是有益的。

从笔者的经验来看，只看高薪的日本年轻人是少数。更多的年轻人重视的是工作的意义和自身能力的提升，只要在企业工作真的有价值，会有一定数量的人选择留下的。反之，那些舍不得投资员工教育的企业对将来的年轻人来说没有任何吸引力。

教育是对未来的投资。在可承受的范围内，不要光追求短期的成果，而应为了长期的发展为员工提供各种教育培训。

幸好在人工智能浪潮下，学习人工智能的机会很多。比如日经 BP 网站就举办了许多人工智能讲座。除此之外，有的企业会邀请讲师培训，有的地方会举办讲座。企业应积极地利用这些机会，提高员工的能力。为员工提供教育机会时，企业需要注意的是选择尽可能减轻员工负担、给他们时间学习的做法，不要过于期待员工可以自主学习。当然，阅读书籍也是有效的学习手段，只是通过这种方式学习存在着学会技能比较耗时、阅读专业书籍需要基础知识的储备等问题。光靠自发地读书不能保证员工掌握足够的知识和经验。所有的工程师都要一边完成日常工作一边学习，学习时间不足，他们担负着公司的未来，希望企业尽可能地给予他们支持。

初期的项目组织架构

对于使用人工智能这种有挑战性的项目，初期只由少数精英团队推进是"金规铁律"。可能的话，应由总经理和几名员工推进。建议在筛选参加项目的员工时，不要看实力、部门、职位，而是要看积极性。这是因为如果初期团队中混进了不情愿参加的成员，他们在出现状况时常常会表达否定意见，不但会降低项目的推进速度，还会对其他成员的士气产生坏的影响。在项目的初期阶段，推进速度是最重要的。

任何人在挑战未知的项目时都会有不安心理。而且新的项目基本不会立即贡献销售额，拖得越久，企业越有可能更重视现有的业务，不知不觉中人工智能项目就成了空壳项目。

因此，推进人工智能项目时需要的是能够直接向总经理等高层领导直接汇报，出现状况时能立即做出决策的敏捷性。此外，在项目必需的经费支出上，还要想办法做到事先申请到可自由支配的项目经费，无须复杂的审批流程即可支付相关费用。

总而言之，让企业管理层意识到人工智能项目对自己的企业的重要性是非常关键的。

借助外部力量

培养员工需要花费时间。因此，在初期阶段，企业也可以考虑借助组织外部的力量开发项目。前文讲到，日本优秀的工程师要么选择在外企工作，要么自己创业。企业应该考虑借助这些优秀的工程师的力量，采取将开发委托给创业公司的做法。

创业公司通常拥有很多非常优秀的人工智能技术工作者。企业可以邀请他们作为项目的一员，请他们做部分开发和设计。重要的是，企业任命优秀员工作为与创业公司的"沟通窗口"，利用通过实际工作学习（On the Job Training，OJT）让他们学到技术。这样下次就可以让这位优秀员工担任项目推进工作。

需要注意的是，不要以为对方是小规模的创业公司，所花费用就会很低。现如今能开发人工智能的企业炙手可热。所以企业在委托开发时，要做好花费比平常更高的开发费用的心理准备。另外，创业公司由少数精锐员工构成，没有余力做那些浪费时间的工作。所以企业应该考虑尽可能地简化合同商讨等事务手续。

当然，将开发委托给创业公司之后，会有各种担心随之而来，比如创业公司会不会没将项目开发完就倒闭了（根据个人的经验，笔者认为比起那些技术低下的IT企业，创业公司反而更可靠）。如果无法解除这些担心，企业可以聘请一些专家顾问，监督委托的创业公司是否在认真地推进工作。

寻找合作伙伴的方法

笔者经常被咨询的一个问题就是"如何找到合适的人才以及能成为合作伙伴的创业公司呢？"对于这个问题，笔者的回答是平时多关注各种信息。

比如，平时与朋友和工程师员工积极地交流信息。此外，在脸书等社交平台上，各种各样的人在交流各种各样的信息。如果看到感兴趣的人和企业，可以积极地与他们交流。

虽然可以通过互联网联系到有希望开发项目的创业公司，但并非所有的创业公司都接受来自其他企业的开发订单。此外，创业公司基本都很忙，抱着先交流信息的想法而发送的目的不明确的邮件常常得不到回复。请具体地在邮件中传达自己的想法、需要创业公司配合什么、能出多少资金等信息。

此外，还有一种方法是请在业界有深厚人脉的人介绍合作伙伴。不过，由于人手不足，马上找到合作伙伴的情况很少。企业需要意识到这件事情比较花时间。如果觉得这种方法比较困难，企业也可以考虑请收费较高的猎头公司介绍合作伙伴的方法。

第 5 章

机器学习——人工智能进化史

本章整体介绍人工智能进化的历史、机器学习分析的例子、算法种类等基础知识。

在使用人工智能开发产品时，不只是工程师，策划和销售人员也要充分理解人工智能的特性，否则在人工智能出现问题时，就无法理解问题的本质，无法很好地满足顾客的需求和解决他们的问题。

本章有意识地尽量不使用难以理解的术语进行讲解，希望非工程师读者也能阅读并理解人工智能的特性。

第 1 章
第 2 章
第 3 章
第 4 章
第 6 章
第 7 章
第 8 章
第 9 章

第**5**章

第 章

机器学习——人工智能进化史

5.1 学习人工智能之前必须掌握的知识

从本章开始，本书进入技术篇。为了让读者一边实际地逐渐建立对人工智能的印象一边学习，本书在作为基础篇的第 1 章介绍了什么是人工智能。本章将会更具体地介绍人工智能是如何组成的，又是如何计算的。

这里再次强调读者需具备的知识。其实只要了解初高中水平的数学知识就可以了，不了解大学水平的高难数学知识也没关系。不擅长数学的读者也可以跳过数学知识讲解的内容，但越读到后面越有可能读不懂数学部分的讲解，到那时请回过头来再次阅读本章。

特征变量、目标变量和模型

在第 1 章我们了解到人工智能将多个特征变量作为输入进行计算，将计算结果作为目标变量输出。人工智能通过分析预测特征变量和目标变量的关系，并创建正确地表示其关系的计算表达式。

例如，使用人工智能管理草莓栽培时，人工智能将平均气温、湿度、土壤水分这 3 个变量作为特征变量，将该环境下栽培的草莓甜度作为目标变量。人工智能通过学习创建从气温、湿度、土壤水分这 3 个变量正确地预测草莓甜度的计算表达式。虽然并非为所有最新的人工智能所采用，但大多数情况下用于计算的算法都是被称为**机器学习**的计算方法。

机器学习这一术语没有固定的定义，一般来说指的是具有学习功能的算法。普通程序的计算表达式都是事先固定好的，对于同样的输入，不管计算多少次，输出的都是同样的值。而机器学习即使对同样的输入值，每次计算输出的结果可能会不一样。这是由于进行了学习的缘故。机器学习中的学习指的是根据输出结果与正确答案之间的误差，对计算表达式进行调整。

机器学习包含后面将要介绍的**决策树、支持向量机、神经网络**等各种各样的算法，由人来选择其认为合适的算法。另外，各种算法中存在着为了使每次学习都能提高预测精度的、由人在程序中指定的数值参数。这些机器学习的设计者在程序内指定的数值参数被称为**超参数**。基于特定的目标选择的机器学习算法和设定的超参数合起来被称为**机器学习模型**（也叫预测模型、模型)。

在开发人工智能时,首先要考虑的是构建什么样的模型。实际开发程序时,得到的模型的预测结果的精度可能不尽如人意。这种情况的一种解决办法是修改特征变量和算法、超参数等构建其他的模型,再验证精度是否得到提高(见图5-1)。

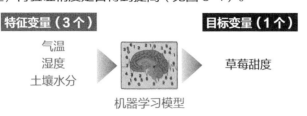

特征变量(3个) 目标变量(1个)

气温
湿度
土壤水分

草莓甜度

机器学习模型

■ 图5-1 模型和机器学习的例子(信息来源:日本 MediaSketch 公司)

总而言之,开发人工智能时,首先由人设计模型。然后经过学习阶段,多次尝试能够正确预测实际结出的草莓的甜度的计算表达式。也就是说我们要找出能够正确地表示特征变量和目标变量关系的计算表达式。准确地说,与其说找出计算表达式,不如说找出用于特定的已确定的表达式的良好参数更为贴切。下面结合一个简单的例子进行说明。

比如输入为 x,输出为 y。根据过去的数据,已知当 x=2 时 y=6、x=3 时 y=9。现在我们假设 y=a×x,接下来思考 a 的值应该是多少才能贴切地表示实际的 x 和 y 的关系。对于这个例子,当 a=3 时,表达式变为 y=3x,与过去的数据(作为事实存在的结果数据)完全匹配,没有误差。这种已经作为结果存在的,用于学习的特征变量(x)和目标变量(y)数据叫作**学习数据**。人工智能对 a 的数值做各种尝试。

a=1:当 x=2 时 y=2,与学习数据 y=6 之间的误差为 4。

a=2:当 x=2 时 y=4,与学习数据 y=6 之间的误差为 2。

a=3:当 x=2 时 y=6,与学习数据 y=6 之间没有误差。

这种多次计算尝试表达式的参数,找出结果与学习数据之间的误差最小的参数的手法叫作机器学习。当然,在实际工作中不会使用这么简单的例子。所以,由机器学习找到的表达式得出的结果与学习数据之间的误差不会为 0,但机器学习会找到使得结果与学习数据之间的误差尽可能地接近 0 的参数。

绝对值

人工智能计算预测值和正确答案之间的距离。距离越远,预测越离谱;距离越近,预测越正确。预测值比正确答案大还是小是无关紧要的。我们想知道的是和正确答案间的距离有多远。因此,我们利用正确答案和预测值之间的差的绝对值来测量距离。绝对值忽略负数的符号。因此,x 的绝对值为 x,−x 的绝对值也是 x。此外,测量距离意味着只要知道距离是不是近就可以了，所以有时会用正确答案和预测值之间差值的平方对距离进行计算。

导数

人工智能常常用到导数。对于由 x 和 y 构成的图形，导数是表示在某一点随着 x 的增减、y 增减多少的表达式。导数表示在某一点图形如何变化（灵敏度），表示在图形某一点切线的斜率如何变化。比如，对于表达式 $y=x^a+b$，对 x 求导得到导数表达式 $y'=ax^{a-1}$。因此，对 $y=x^2+1$ 的 x 求导得到的导数表达式为 $y'=2x$（见图 5-2）。

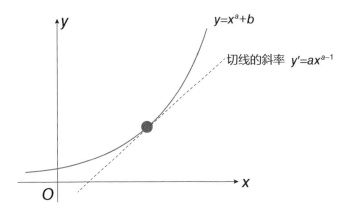

■ 图 5-2 导数表达式示意（信息来源：日本 MediaSketch 公司）

有的图形无法求导。比如 $x=2$ 这种与 y 轴平行的图形的切线斜率无穷大，因此导数的计算结果也是无穷大。在计算机的计算过程中，只要有无穷大出现，计算机要么无法计算，要么给出无穷大的结果。不管是哪个结果，都不是人们期待的结果（见图 5-3）。

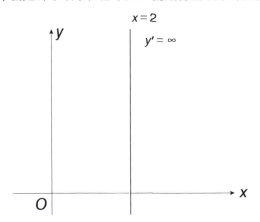

■ 图 5-3 $x=2$ 的图形（信息来源：日本 MediaSketch 公司）

此外，图形中有尖头的地方无法画切线，也就无法求导。因此，在人工智能技术中用到导数时，我们应该构建图形尽可能光滑的激活函数的方程式。我们将在第 6 章详细介绍激活函数。

相关关系和相关系数

我们已经讲过人工智能是用来分析特征变量和目标变量数据之间的关系的技术。数据分析领域非常基本的关系就是**相关关系**。

相关是表示某个数据和另一个数据相互之间是否有关系的指标。它是在分析大量存在的数据之间的关系时，首先应该考虑的非常重要的指标。

比如在思考"身高高的人的坐高是否也高"的问题时，如果发现存在着一般坐高高的人，身高也高的趋势，就可以说这 2 个数据是相关关系。**相关系数**是用来表示变量之间相关关系紧密程度的数值指标。

相关系数是范围为 $-1\sim1$ 的数值。

下面探讨一下 2 个数据 A 和 B 之间的相关关系。

当 2 个数据的相关系数为 10 时，如果 A 增加，B 也增加。

当 2 个数据的相关系数为 -10 时，如果 A 增加，B 减少。

当 2 个数据的相关系数为 0 时，A 的增减对 B 没有任何影响（见图 5-4）。

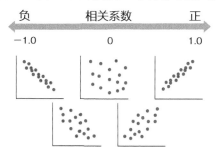

■ 图 5-4 相关系数与数据的分布变化（信息来源：日本 MediaSketch 公司）

相关系数的数值为多少时，代表数据之间有关系呢？虽然不能一概而论，但在统计学领域，当相关系数的绝对值在 0.2 以上时，一般可以看作数据之间存在弱相关关系。

关于相关系数的注意事项只有 1 个：即使相关系数是接近于 0 的值，也不能断定 2 个数据之间没有关系。相关系数表示的只不过是线性关系，即随着一个数据的增减，另一个数据也相应地增减的关系。至于其他的关系，这是相关系数无法表示的。

比如数据分布呈圆形关系的情况，由 x 轴和 y 轴构成的 2 个数据看上去是有某种关系的，但其相关系数却是接近 0 的（见图 5-5）。

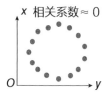

■ 图 5-5 从相关系数不能看出关系的例子（信息来源：日本 MediaSketch 公司）

数据间的因果关系和伪相关关系

数据间有关联意味着 2 个数据间存在关系，但不能说二者间有因果关系。因果关系表示一个数据的增减是导致另一个数据结果出现的直接原因的关系。

比如地球和太阳之间的距离变近之后，气温会上升，这说明两颗星体之间的距离与气温存在因果关系。分清相关关系和因果关系的区别对于正确理解数据的关系是很重要的。

再看一个"房子的房间数"和"汽车的购买价格"这 2 个数据的关系的例子。

一般来说，富裕阶层住在大房子里，购买的是高档汽车。因此，可以推测这两个数据呈正相关关系。但是房间数多不是汽车的购买价格高的直接原因。反过来，汽车的购买价格高也不是房间数多的直接原因。也就是说，这 2 个数据之间不存在因果关系。二者的直接原因是富裕，也就是收入高。像房间数和汽车的购买价格这种互相不是原因、不存在因果关系，但被认为是间接相关的关系被称为伪相关关系（见图 5-6）。

■ 图 5-6　伪相关关系（信息来源：日本 MediaSketch 公司）

人工智能只不过从某个时间点存在的事实推导出其关系而已。因此，请注意人工智能不能保证一定能推导出因果关系。

矩阵的内积

在机器学习中会频繁出现矩阵的计算。矩阵计算是对由多个数据构成的数据集合进行计算的方法。比如，一般在用人工智能分析数据时，特征变量的集合 X 中就有多个值。

另外，模型内用于调整输入值的参数集合 W 中也有多个值。使用 W 对输入值 X 进行计算得出输出值，再通过计算找到输出最佳结果的 W 的过程就是人工智能的学习。

比如，在神经网络中，有时候要对均由多个值构成的输入参数和权重参数这 2 个数值集合进行求积的计算，最终可以使用线性代数的内积计算这个结果。

什么是内积呢？假定有 2 个矩阵 $(a_1 \quad a_2)$ 和 $\begin{pmatrix} b_1 \\ b_2 \end{pmatrix}$。
这 2 个矩阵的内积就是 $a_1 b_1 + a_2 b_2$。

人工智能有时候要处理像 1 个像素中包含 3 维 RGB 数据的全彩图像数据这样的多维数据。多维数据用矩阵表示就是由多个行和多个列构成的集合。相应地，参数也是多维的。

再看矩阵 $\begin{pmatrix} a_1 & a_2 \\ a_3 & a_4 \end{pmatrix}$ 和 $\begin{pmatrix} b_1 & b_2 \\ b_3 & b_4 \end{pmatrix}$。

这 2 个矩阵的外积的计算结果为 $\begin{pmatrix} a_1 & a_2 \\ a_3 & a_4 \end{pmatrix} \cdot \begin{pmatrix} b_1 & b_2 \\ b_3 & b_4 \end{pmatrix} = \begin{pmatrix} a_1b_1 + a_2b_3 & a_1b_2 + a_2b_4 \\ a_3b_1 + a_4b_3 & a_3b_2 + a_4b_4 \end{pmatrix}$（见图 5-7）。

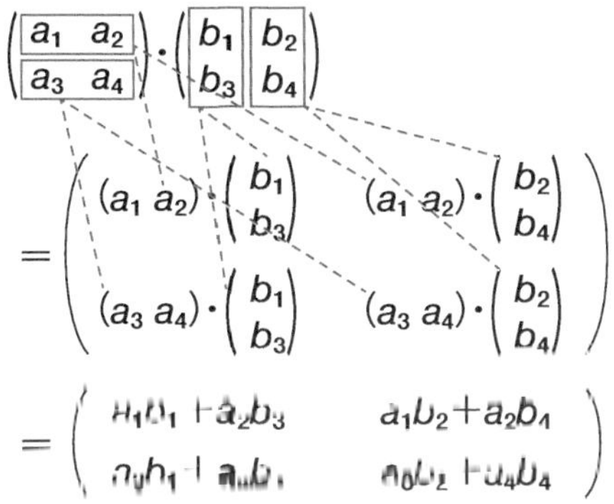

$$\begin{pmatrix} a_1 & a_2 \\ a_3 & a_4 \end{pmatrix} \cdot \begin{pmatrix} b_1 & b_2 \\ b_3 & b_4 \end{pmatrix}$$

$$= \begin{pmatrix} (a_1\ a_2) \cdot \begin{pmatrix} b_1 \\ b_3 \end{pmatrix} & (a_1\ a_2) \cdot \begin{pmatrix} b_2 \\ b_4 \end{pmatrix} \\ (a_3\ a_4) \cdot \begin{pmatrix} b_1 \\ b_3 \end{pmatrix} & (a_3\ a_4) \cdot \begin{pmatrix} b_2 \\ b_4 \end{pmatrix} \end{pmatrix}$$

$$= \begin{pmatrix} a_1b_1 + a_2b_3 & a_1b_2 + a_2b_4 \\ a_3b_1 + a_4b_3 & a_3b_2 + a_4b_4 \end{pmatrix}$$

■ 图 5-7　矩阵外积的计算（信息来源：日本 MediaSketch 公司）

矩阵外积除了用于神经网络之外，也是在使用人工智能进行图像识别等图像处理时必须掌握的知识。读者将其作为基础的知识加以掌握必会受益。

概率

人工智能会计算各种概率，尤其在图像识别等处理中，在判断图像中的动物是猫还是狗时，会计算图像中的动物是猫的概率和是狗的概率。

我们一般用 0%~100% 这样的百分数表示概率。但是包括人工智能在内的计算机程序则使用 0~1 的小数表示概率。比如数值 0.5 表示 50% 的概率，1 表示 100% 的概率。使用 0~1 的小数表示概率的原因是便于计算。

比如我们要计算各抽一次中奖概率为 20% 的抽奖和中奖概率为 50% 的抽奖，两次都中奖的概率。20%=0.2、50%=0.5，通过乘法求 2 个事件都发生的概率，所以 0.2×0.5=0.1，即概率为 10%。

人工智能有时候要做被称为**分类**的分析。分类是预测每个数据属于由人决定的总体中的哪个组的概率的操作，前提是数据必定属于由人决定的总体中的某一组。

比如准备 10 万幅图像，判断图像中的动物是猫还是狗，前提是图像中不存在猫和狗之外的动物。这样的话，人工智能只会基于图像中的动物必须是猫或者是狗这一前提判断，不会判断猫、狗之外的情况。这时，如果图像中的动物是狗的概率是 0.7，那么是猫的概率就是 0.3。这是因为人工智能是基于"必定属于某一组"的前提判断的，所以属于各组的概率之和必定为 1（100%）。即使人无视这个前提，在输入中加入了马的图像，在人工智能的预测结果中猫和狗的概率之和也依然为 1。

5.2　人工智能的历史

学习人工智能历史的意义

人工智能的研究是在 1950 年左右，在计算机出现没多久的时候就开始了，有着悠久的历史。总结这段历史，我们可以大致将人工智能分为早期的"演绎推理"和现在的"归纳推理"两种。

学习人工智能历史，有助于我们理解现在的人工智能的价值，并能预测出人工智能可能的进化方向。

早期的演绎推理人工智能

人们早期研究的人工智能是演绎推理人工智能。**演绎推理**的做法是先建立诸如"鸟能在空中飞"的**假说**，如果假说正确，即可做出"鸽子是鸟，所以能在空中飞，乌鸦也是鸟，所以也能在空中飞"等推测。

基于演绎推理的人工智能，将根据已知的人所掌握的技术所做的判断替换为计算机的算法，同时根据该算法对未知的问题做出预测性回答。比如医生在判断患者所患疾病时，是在依次查看血压的数值、脉搏、气色等的基础上做出判断的。这时人工智能假定人类的判断基准是正确的，在这个基础上将其替换为计算机算法。

这种基于特定的目的，将人类的判断基准替换为算法的程序称为**专家系统**。即使输入的数据与过去的数据完全不同，这种系统也会参考相似的数据，进行某种程度的类推，给出推测的答案。

但在人工智能研究的早期阶段，多数情况下人工智能基本无法应付那些人类完全没有判断经验的未知数据。这是因为这种做法存在几个问题。首先，像诊断疾病这种"人类的判断"在多数情况下无法用数学表达式表示。基于医生等的经验做出的是"假说"，也就是说，如果这个"假说"是错误的，那么人工智能给出的推论的精度也很低。此外，人类脑海中的"假说"在多数情况下是"一般论"，常常无法覆盖特殊情况。

> **MEMO**
>
> ## IBM 公司开发的国际象棋人工智能 "深蓝"
>
> 　　著名的专家系统有美国 IBM 公司开发的国际象棋人工智能 "深蓝"。"深蓝" 使用被称为评估函数的处理，计算接下来如何出子会取得最有力的战况。评估函数中存在着共计 8150 个参数，有的参数是自动确定的，更多的参数是由人手动输入的。由人手动输入的参数意味着这些参数是基于人思考的假说，重复试验才得到的参数。"深蓝" 最终达成了战胜人类国际象棋冠军的壮举，成为人们在讲述人工智能历史时必定会讲的话题。与围棋和日本将棋相比，国际象棋的下一步棋的走法较少，"深蓝" 所做的事情接近于使用专用硬件暴力搜索 2 亿步棋。
>
> 　　比起自动地应对未知的棋局，"深蓝" 更加依靠的是对人类输入的参数的调整和超前的计算能力，所以有人认为 "深蓝" 不应该被视为人工智能 ❶❷。

　　假设建立了 "鸟能在空中飞" 假说的人不知道世上还有企鹅这种不能飞的鸟的事实，直接将假说置换为程序，程序就会做出 "企鹅也能在空中飞" 的推测出来。

　　假如要将特殊事项也加入判断基准，那么由于其数量庞大，计算机算法将变得巨大又复杂。算法的开发及测试将需要很高的成本和大量的资源。

　　由于存在着这些问题，基于演绎推理的做法在被视为人工智能最重要的能力——对 "未知数据" 的处理上作用有限，实际能为社会产生贡献的领域很少。

现在的归纳推理人工智能

　　现在多数的人工智能程序都基于归纳推理的思想开发算法。

　　演绎推理是根据诸如 "鸟能在空中飞" 这种假说，给出作为鸟的鸽子和乌鸦能在空中飞的推测，而归纳推理则反其道而行之。归纳推理是从 "鸽子能在空中飞""乌鸦能在空中飞""雕能在空中飞" 等事实，做出 "这些动物同为鸟类，那么属于鸟类这一分类的动物能在空中飞" 的推测。

　　这个结论是人工智能学习到的结论，能在空中飞、不能在空中飞的判断基准是由人工智能做出的。在这一点上，归纳推理与基于人的假说做出判断基准的演绎推理有很大的不同。

　　归纳推理的优点是如果让人工智能学习了异常情况，人工智能就会创建包含该例外情况的判断基准。比如，让人工智能学习 "企鹅不能在空中飞""鸵鸟不能在空中飞" 等数据，人工智能就会舍弃 "若是鸟就能飞" 的判断基准，然后创建新的判断基准——"即使是鸟类，但由于具有某些特定的特征，也不能在空中飞"。人是不知道这些特征的，所以如果人工智能学习情况理想，也许能判断出人类还无法判断的未知的鸟类是否能在空中飞。

归纳推理的局限

基于归纳推理的算法并不是新鲜事物，虽然不知道其研究具体是从何时开始的，但在 20 世纪 70 年代就已经存在基于归纳推理进行推测的程序了。不过光靠这些程序，归纳推理还没有进化到为社会广泛使用的阶段。

这是因为当时它还无法排除由人建立的假说的影响。比如我们要创建将动物分类为猫或狗的人工智能，这时我们要告诉人工智能关于猫和狗的特征，假设让人工智能学习"体长""身高""毛色"这 3 个特征。之后，人工智能就会推导出这 3 个特征呈现某个样子的动物是猫、呈现另一个样子的动物是狗这样的关系（判断基准）。

这就有问题了。真的能通过"体长""身高""毛色"区分全世界的猫和狗吗？这 3 个特征是建立在人能根据它们区分猫和狗的假说的基础上的。如果这个假说本身就是错的，那么无论人工智能学习多少数据也得不到好的结果。

MEMO

概率推理与人工智能

归纳推理也只不过是一种推理，不能找出绝对的法则。它只是根据之前的数据，回答可能性最高的数值。因此，对于已经确立判别方法，并且精度也让人足够满意的场景，利用人工智能没有意义。

比如一条生产红花和蓝花的流水线，工厂需要根据花的颜色将其分到右边或者左边的流水线上。对于这种场景，工厂只需根据每朵花的图像中红色多还是蓝色多，单纯地进行数值比较，获得的精度就会十分理想。

另外，人们常举的图像识别的典型例子是手写数字的图像识别。每个人写的数字的形状不尽相同。比如数字 4，有的人写得歪歪扭扭，但还是可以看出来是 4。只要人能看出来是 4 的数字，我们都希望程序能将其识别为 4。

这时使用人工智能分析图像，计算图像中写的是数字 0 的概率、写的是数字 1 的概率……写的是数字 9 的概率，像这样分别计算写的是 0 ~ 9 这 10 个数字的概率。其中概率最高的数字就是人工智能给出的结论。

希望各位读者意识到，目前的人工智能在学习已有数据的知识进行推测时，给出可能性最大的答案。所以它给出的答案并非 100% 确定的。有些人非常在意人工智能居然会犯错，其实人工智能犯错是理所当然的。这是因为对于无法以一定的法则判断的问题，人工智能的做法是推测出概率最高的答案，将其作为结果予以回答（现实世界本来就不存在概率为 100% 的事物）。

在理解这一点的基础上，重要的是确定正确率达到多少、误差在多少之内能满足实际业务的要求，能经受住使用的考验。

归根结底，如果人在选择什么数据作为人工智能学习的数据、位数如何保留、数据处理为绝对值还是偏差值等预处理中存在错误，得到的人工智能程序也不会有用的。

还有另一个问题。为了将猫和狗的体长、毛色等信息数据化，需要做大量的准备工作。显而易见，这些工作都非常费时费力。所以只是为了解决特定的问题才使用传统的人工智能。

发现信息的现在的人工智能

我们已经知道人工智能存在着前文所述的问题，有着只能解决特定问题的限制。从那以后，人工智能的开发热潮逐渐衰退了。人工智能迎来了从 20 世纪 80 年代后半期开始到 21 世纪00 年代前半期结束的被称为"人工智能寒冬"的时代。另外，计算机的处理能力有了飞跃性的提高，互联网得到普及，全世界到处都是信息。从此人们产生了这样一种想法，即无须人手参与，直接用人工智能去分析大量的信息，也就是大数据。

人工智能"复活"的契机是 2006 年加拿大多伦多大学的 Geoffrey Hinton 教授发表的关于自动编码器（Auto Encoder）的论文。该论文拉开了各种发明的序幕，人称深度学习的方法（正确地说是使用深度神经网络的学习方法，详细内容将在第 6 章说明）出现了。

深度学习的特征是，从人类未加处理的海量数据中，发现包括哪个数据影响结果、哪个数据不影响结果这种信息在内的关系。

在这里使用"发现"这个词是有原因的。比如说，在区分狗和猫的场景下，为了分析各种各样的数量庞大的特征，深度学习使用的也许是人类完全无法想象的特征来判断的。也就是说，人工智能发现了新的特征，深度学习有着巨大的价值。

计算机视觉

由于深度学习的出现，我们得以从海量数据中正确地进行被称为分类的分析。分类指的是将数据分成几个组，推测某个数据属于哪个组的分析。判断某动物是狗还是猫也是一种分类。

那么，什么数据称得上是"海量数据"呢？图像就是"尽可能不包含人类的假说并拥有大量信息的海量数据"。在分类动物是狗还是猫的时候，使用深度学习对狗的图像和猫的图像进行分析的话，比起人能想到的毛色和体长等信息，深度学习可以更广泛地分辨出各种各样的狗和猫。

例如，普普通通的一幅猫的图像中包含了人类没有意识到的非常多的信息：眼睛的大小和颜色、毛的粗细和颜色、脸的轮廓和大小、眼睛和鼻子的位置关系等。现在的人工智能把各种各样的信息组合起来，推导出到底满足什么样条件的动物才算是猫。

通过对图像和视频的分析，提取有意义的信息，这种技术被称为计算机视觉。

为了高效、准确地进行计算机视觉处理，人工智能领域正在进行各种各样的研究。这些研究为自动驾驶汽车、面部识别、基于细胞图像进行疾病诊断等领域提供了新的价值。

不仅是图像分析，在语音识别和自然语言处理领域，人类也不会对海量数据进行加工，而是直接通过深度学习来解析。这种发现人还不知道的关系，从而能够高精度地预测未知数据的做法正是现在人工智能分析的趋势。

5.3　机器学习能做到的事

在第 1 章的 "人工智能做得到的事情" 一节我们介绍了回归和分类。这和作为人工智能的核心的机器学习能做到的事情几乎相同。在本节，我们稍微具体地看看分析的例子，依次理解这些技术。

回归分析（简单回归分析）

回归是指对表示状态的数值应用模型（表示数据的变化量等的数学表达式），推测目标数值是多少。回归这个词的使用领域非常广泛，这里所说的回归和统计学上使用的回归有相同的意思。除此之外，天文学、物理学、数学、哲学等领域也使用回归这个词，但是与这里的回归意思不同。

我们看一个回归的例子，下图是显示了波士顿房价数据集的数据散布图（见图 5-8）。横轴是波士顿市内每个地区住宅的平均房间数，纵轴是每个地区的房价中位值（单位：千美元）。

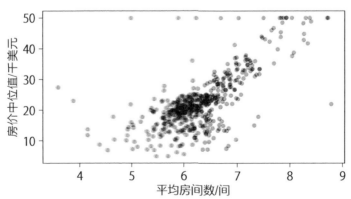

■　图 5-8　波士顿市内每个地区住宅的平均房间数和房价中位值（ 信息来源：日本 MediaSketch 公司 ）

只看图 5-8 的话，整体平均房间数大的地区，房价中位值看起来也高。也就是说，二者看上去存在相关关系。

那么，我们试试看直线能否表示这两个数据的关系，下图是使用**线性回归方法**分析数据的结果（见图 5-9）。

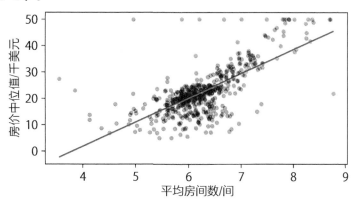

■ 图 5-9　使用线性回归方法分析数据的结果（信息来源：日本 MediaSketch 公司）

于是，一条通过数据的正中间的红线被自然而然地画了出来。这是通过线性回归方法求出的、展现了平均房间数和房价中位值的关系的模型。

其实线性回归并不是机器学习，它只是通过简单的表达式进行推测的方法。线性指的是以直线（数学中的一次方程）表示的形式。

这个方法是有问题的。世界上几乎所有的数据都不具有能以直线表示的完美的关系，在这个例子中，在平均房间数为 3 时，房价中位值变为负数。另外，从实际数据来看，对于平均房间数不超过 4 的住宅，平均房间数越少反而房价中位值越高。

为了从这种呈现非线性关系的复杂数据中推导出模型，我们使用机器学习。

下图是使用神经网络（详细内容在第 6 章中说明）对同样的数据进行回归分析的结果（见图 5-10）。

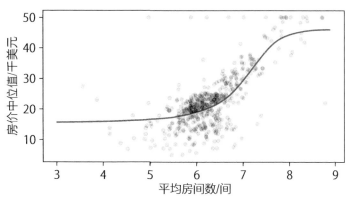

■ 图 5-10　使用神经网络对数据进行回归分析的结果（信息来源：日本 MediaSketch 公司）

这样我们就能导出红线所示的曲线。这是神经网络试验了 200 次各种曲线后得到的结果，是误差（红线和各数据点之间的距离）最小的曲线。

如果知道了图 5-10 中用红线表示的模型的话，那么即使是至今为止数据中没有的未知情况，如平均房间数为 3，也可以预测这种住宅的大致价格。

到这里，我们已经对回归分析进行了说明，到现在为止的回归分析实际上更严密地说应该被称为**简单回归分析**。简单回归分析指的是对一个目标变量和一个特征变量之间关系进行的分析。

但在实际工作中，与一个目标变量有关系的特征变量大多不止一个。就拿波士顿房价数据集的例子来说，比起只根据平均房间数的数据进行预测，综合考虑各地区的犯罪率、教师人数等多种数据进行预测的精度会更高。

回归分析（多重回归分析）

分析一个目标变量和一个特征变量之间的关系是简单回归分析。与此相对，分析一个目标变量和多个特征变量之间的关系是**多重回归分析**。只要特征变量的数量在 2 个以上（包含 2 个），都是多重回归分析。

实际使用人工智能进行回归分析时，特征变量的数量达到 30 或 50 也毫不奇怪。遗憾的是，多重回归分析的分析结果很难用图形表示。这是因为简单回归分析的特征变量只有一个，所以可以和目标变量一起用 2 维图形来表示，但是多重回归分析的特征变量增加到 3 个、4 个、5 个……10 个之后，这些多维数据很难用图形显示分析结果。

特征变量增加后不能以图形显示其结果，对人来说分析变得越来越难，理解分析结果也很困难，这一点想想就知道了。

拿刚才的波士顿房价数据集为例，假设要从平均房间数和地区的年度犯罪案件数、商业地区所占比例、氮氧化物的浓度、教师人数与学生人数的比例等 13 个特征变量中分析它们之间的关系，并对该地区的房价中位值进行预测（见图 5-11）。如果是人去预测的话就太花时间了，会算到昏过去。

而且，表示这种关系的表达式恐怕会非常复杂、冗长。在机器学习中用于解决这种问题的算法是多重回归分析。

回归分析会创建表示目标变量相对于特征变量的增减如何增减的表达式，最终目标变量的值表示长度或价格等特征的大小，我们对这些值进行预测。

我们在后面将要详细介绍的分类分析则要创建表示某个数据属于哪个组的概率的计算表达式，目标变量的值是属于各组的概率，即 0 ~ 1 的数值。

特征变量（13个）　　　　　　　　　　目标变量（1个）

平均房间数
年度犯罪案件数
商业地区所占比例
氮氧化物的浓度
教师人数与学生人数的比例等

人工智能
（机器学习）

房价中位值
（单位：千美元）

例：
6.575
0.00632
2.31
0.538
15.3
⋮

人工智能
（机器学习）

例：

24.0

预测值的大小

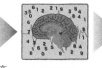

■　图 5-11　对波士顿房价数据集进行多重回归分析的示意（信息来源：日本 MediaSketch 公司）

MEMO

特征变量的数量越多越好吗？

笔者在讲授人工智能课程时，经常会被问到一个问题："输入给人工智能的数据种类（特征变量的数量）越多越好吗？"。

一般来说，越多越好。相关的数据越多，所做的回归分析结果的精度越高。即使是完全无关的数据，最终也会分析出数据之间没有关系，所以没什么问题。但任何事情都是有限度的。输入谁都知道的毫无关系的数据，只会导致提高精度所花的时间变长，而且也很浪费计算机等资源。

不过乍一看无关的数据实际上可能是有关的。因此请充分注意数据的取舍。笔者认为，在资源允许的范围内，如果能接受一些浪费，我们可以逐个去尝试特征变量。但是，不管是否试验某个特征变量，笔者都不建议直接分析所有的数据，并将其用于实际业务。建议大家采用这种做法：首先用小规模的数据做尝试，一边试验各个特征变量，一边估计程序能以多快的速度学习。如果感觉对某个特征变量分析出的精度良好，可以花时间详细分析。

分类

机器学习要做的**分类**是根据特征变量来预测某个数据属于哪个组。下面结合实际的例子来看一看。

比如我们要从身高、体重、体脂肪率来判断某个动物是狗、猫、大象还是人。这个场景的特征变量是身高、体重和体脂肪率 3 个。目标变量有 4 个：动物是狗的概率、猫的概率、大象的概率、人的概率。

也就是说，分类的目标变量是某个数据可能从属每一组的概率（见图 5-12）。

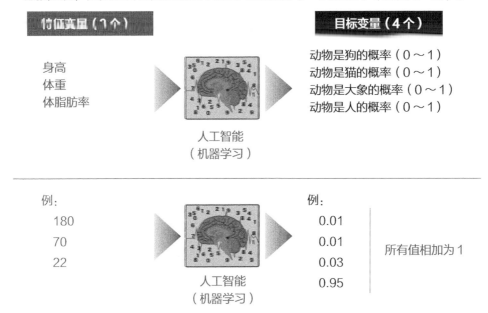

■ 图 5-12 分类问题中人工智能的特征变量和目标变量示例（信息来源：日本 MediaSketch 公司）

由于是概率，所以我们需要对数据进行调整，使得所有目标变量的输出结果相加后的值为 1。可使用 Softmax 等函数进行调整，具体内容将在第 6.1 节说明。

这种目标变量是概率的问题是分类问题。与之相对的，目标变量的范围不固定、目标变量是某个数值的问题是回归问题。

聚类

聚类指的是从数据集合中找到数据组的分析。在把数据分成组这一点上，聚类容易与分类混淆，但请注意它们是不同的。分类是预测数据属于预先确定的组中的哪一个组的分析，而聚类则是要找到有哪些组，所以在分析前没有预先确定有哪些组存在。

也就是说，聚类是在由人工智能创建了与人想象的完全不同的分组的基础上，确定哪个数据属于哪个组。

MEMO

回归分析中的分组

回归分析有时会进行分组。这种分组容易与分类混淆，但是回归所做的分组的目标变量的值（机器学习的输出值）只是表示大小的数值，不是概率。

例如，图 5-A 显示的是通过逻辑回归推导出，将分别以 2 个点 $(x, y) = (1, 1)$ 和 $(x, y) = (-1, -1)$ 为中心的 2 个数据集合分隔成 2 份的直线。

因为有红色点和黑色点夹杂在一起的地方，所以不能将 2 个数据集合完全分开，不过，人工智能还是推导出了在某种程度上漂亮地分开了数据的直线。

回归分析所做的就是这种对某个直线上或下方的数据属于哪个组、未知的数据属于哪个组的预测。对于图 5-A 的例子，由于在点 $(x, y) = (-3, 2)$ 上的数据位于直线下方，所以预测它属于红色点数据集合。

与预测各数据属于哪一组的分类不同，说到底回归分析预测的还是各组之间的边界是什么样的。请大家注意这个区别。

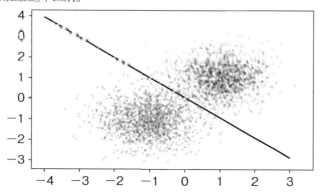

■ 图 5-A 通过回归分析推导出将两个数据集合分开的直线的结果（信息来源：日本 MediaSketch 公司）

下面结合实际的例子来看一看。假设某家店有 10 000 名顾客的数据。根据顾客购买的商品、来店次数、购买金额等特征，我们将数据分为 5 个组。所有数据都必须属于这 5 个组中的某个组。人工智能不管人从数据中找到了什么特征，只是根据数据的特征进行分组。人工智能将 10 000 人分成每组 2000 人的 5 个组，根据不同的组决定今后推送什么样的邮件。那 5 个组到底有什么共同点、代表什么意思，分析后由人类自行决定。在这个场景下，人工智能发现的组的共同点恐怕不是人类能想到的性别、年龄等特征，而是类似于兴趣爱好等特征。

聚类常被用于市场营销等，把顾客分成几个组，通过对不同的组尝试不同的营销策略来验证效果。本书将在第 5.6 节介绍一种聚类的具体算法——K 均值算法。

5.4　数据集分析实例

数据集分析

本来，为了理解机器学习，理想的学习顺序是在学习统计学之后，学习机器学习理论和原理。不过这种做法不仅需要花费时间，不擅长数学的人也很难保持学习的热情。笔者推荐的学习方法是，首先尝试做各种各样的分析，对机器学习有了一定感性理解之后再学习相关知识。首先要有兴趣，在感性上理解机器学习，之后再补充专业知识就行了。不过就算初学者想先做各种各样的分析，收集作为分析对象的数据也是一大难关。

因此，在互联网上有用于机器学习练习的各种各样的数据，它们被称为**数据集**。许多数据集实际上是迄今为止在统计学等领域的公开论文中实际使用过的数据集。接下来我们一边介绍使用数据集进行分析的实例，一边从感性上理解机器学习要进行怎样的分析。

鸢尾花数据集

首先介绍的数据集是有关植物鸢尾花的数据集（通常叫作鸢尾花数据集）。这个数据是生物学家 Ronald Fisher 在 1936 年发表的论文中使用的数据。

该数据集可以从 Python 机器学习库 scikit-learn 中加载。

使用 scikit-learn 执行以下代码可加载数据。

```
from sklearn.datasets import load_iris
iris = load_iris()
```

此外，我们也可以从 UCI Machine Learning Repository 网站中下载。

这个数据集是为了进行分类解析而准备的。鸢尾花分为 3 个品种，分别是"setosa""versicolor""virginica"。一般的分析目的是根据花的特征推测某朵花属于哪个品种。在推测品种时，作为特征变量的数据（向人工智能输入的值）是"花瓣宽度"（petal width）、"花瓣长度"（petal length）、"萼片宽度"（sepal width）、"萼片长度"（sepal length）这 4 个数据（见表 5-1、图 5-13）。

MEMO

从哪里获得数据集？

获得数据集的方法有以下两种。

（1）从机器学习库中加载。

（2）从公开了数据集的网站中下载。

首先介绍从机器学习库中加载的方法。例如，Python 语言的 scikit-learn 和 Keras 等机器学习库预置了调用几个数据集的 API。例如，要加载前文介绍的生物学家 Ronald Fisher 的鸢尾花数据集，我们可以使用 scikit-learn 编写如下 Python 语言的代码。

```
import sklearn.datasets
iris = sklearn.datasets.load_iris()
```

仅通过这两行代码，我们就能将鸢尾花数据集加载到 iris 变量中。

接着介绍从互联网上公开了数据集的网站中下载数据集的方法。笔者常使用的网站是美国加利福尼亚大学尔湾分校提供的 UCI Machine Learning Repository（见图 5-B）。

该网站提供了 463 个可供下载的数据集（统计于 2018 年 12 月）。

除了本书介绍的以外，读者还可以使用统计学相关论文中使用的数据集。笔者认为一边用机器学习实际地分析感兴趣的领域和想应用的数据集，一边学习是非常好的学习方法。

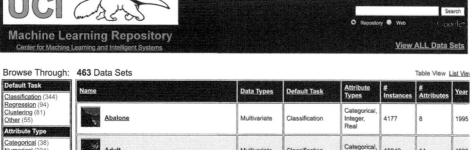

■ 图 5-B UCI Machine Learning Repository（UCI 网站）

■ 表5-1 鸢尾花数据集数据列
一般来说品种是目标变量。

（信息来源：日本 MediaSketch 公司）

| 萼片长度（cm） |
| 萼片宽度（cm） |
| 花瓣长度（cm） |
| 花瓣宽度（cm） |
| 品种（setosa、versicolor、virginica） |

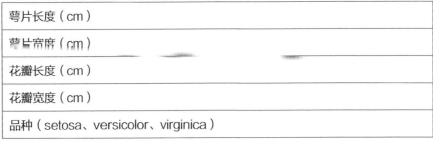

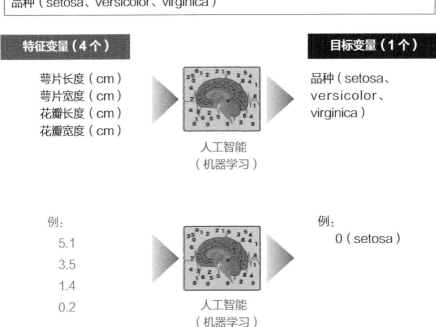

■ 图5-13 鸢尾花数据集数据分析示意（信息来源：日本 MediaSketch 公司）

也就是说，这是一个如何创建根据这 4 个特征变量正确识别鸢尾花品种的人工智能程序的分析实例。

图 5-14 所示为实际读取的部分鸢尾花数据。有一个字段的名称为".target"，这是数据集中常用的字段，是目标变量。这个数据的目标变量是代表鸢尾花品种的数字，0 代表 setosa、1 代表 versicolor、2 代表 virginica。人工智能一共要学习全部 150 个数据。作为人工智能的学习数据，150 个数据是非常少的，但是由于鸢尾花数据的判别特征清晰、简单，基于这个量级的学习数据也能得出 90% 以上的正确率。

	.target	sepal length (cm)	sepal width (cm)	petal length (cm)	petal width (cm)
0	0	5.1	3.5	1.4	0.2
1	0	4.9	3.0	1.4	0.2
2	0	4.7	3.2	1.3	0.2
3	0	4.6	3.1	1.5	0.2
4	0	5.0	3.6	1.4	0.2
5	0	5.4	3.9	1.7	0.4
6	0	4.6	3.4	1.4	0.3
7	0	5.0	3.4	1.5	0.2
8	0	4.4	2.9	1.4	0.2
9	0	4.9	3.1	1.5	0.1
10	0	5.4	3.7	1.5	0.2

■ 图 5-14　部分鸢尾花数据（信息来源：日本 MediaSketch 公司）

图 5-15 是基于鸢尾花数据萼片宽度和萼片长度的各品种散点图（信息来源：日本 MediaSketch 公司）

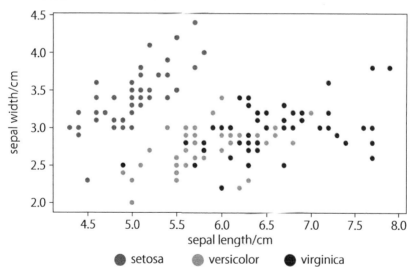

■ 图 5-15　基于鸢尾花数据萼片宽度和萼片长度的各品种散点图

观察散点图，如果要区别 setosa 和其他 2 个品种，只要看萼片宽度和萼片长度就足够了。但是，versicolor 和 virginica 夹杂在一起，这 2 个品种暂时无法区分。

这里可以使用机器学习的决策树、支持向量机（Support Vector Machine，SVM）和神经网络进行分类，推导出区分 versicolor 和 virginica 的规则。

葡萄酒品质数据集

葡萄酒品质数据集是根据葡萄酒的各种成分和特征来预测其品质的数据集。可以从 UCI Machine Learning Repository 网站中下载 CSV 格式的数据集。

其中包括 1500 条红葡萄酒数据（winequality-red.csv）和 4898 条白葡萄酒数据（winequality-white.csv）（见表 5-2）。

■ 表 5-2　葡萄酒品质数据集的字段

一般来说品质是目标变量。

（信息来源：日本 MediaSketch 公司）

固定酸度
挥发酸度
柠檬酸
残糖
氯化物
游离二氧化硫
总二氧化硫
密度
pH 值
硫酸盐
酒精
品质（由葡萄酒专家做出的 3 次以上评价的中位值）

这是经常在农业和食品领域进行的品质预测的参考。一般来说，可以通过回归分析，预测具有特定成分的葡萄酒的品质。这里作为目标变量的品质是 0~10 的评价值。根据数据集的说明，这个评价值是由葡萄酒专家做出的 3 次以上评价的中位值。

对于食品来说，是否好吃没有明确的定义，所以根据特定的人的主观评价来判断。将谁的评价作为目标变量，是人要做的非常重要的判断。对于这个数据集来说，要正确预测的不是"顾客是否觉得好喝"，而是"葡萄酒专家会怎么评价"（见图 5-16）。

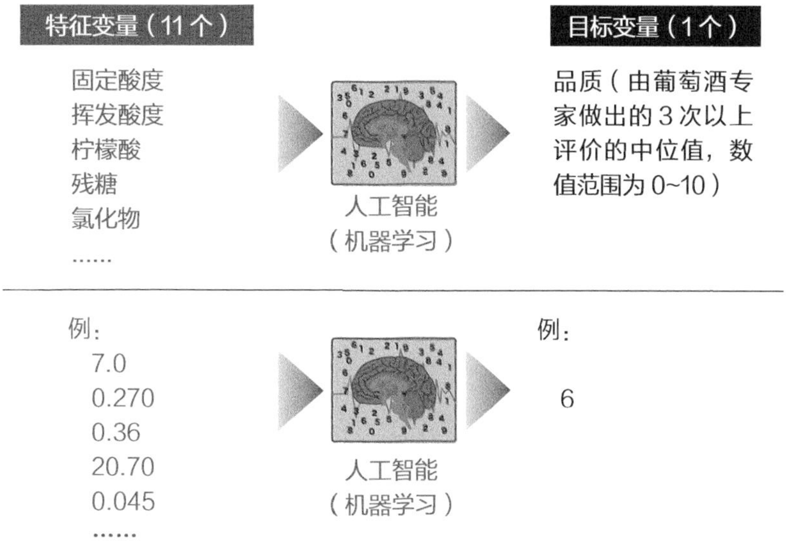

特征变量（11 个）

固定酸度
挥发酸度
柠檬酸
残糖
氯化物
……

人工智能
（机器学习）

目标变量（1 个）

品质（由葡萄酒专
家做出的 3 次以上
评价的中位值，数
值范围为 0~10）

例：
7.0
0.270
0.36
20.70
0.045
……

人工智能
（机器学习）

例：

6

■ 图 5-16 葡萄酒品质数据分析示意（信息来源：日本 MediaSketch 公司）

图 5-17 所示为部分葡萄酒数据。

	fixed acidity	volatile acidity	citric acid	residual sugar	chlorides	free sulfur dioxide	total sulfur dioxide	density	pH	sulphates	alcohol	quality
0	7.0	0.270	0.36	20.70	0.045	45.0	170.0	1.00100	3.00	0.45	8.800000	6
1	6.3	0.300	0.34	1.60	0.049	14.0	132.0	0.99400	3.30	0.49	9.500000	6
2	8.1	0.280	0.40	6.90	0.050	30.0	97.0	0.99510	3.26	0.44	10.100000	6
3	7.2	0.230	0.32	8.50	0.058	47.0	186.0	0.99560	3.19	0.40	9.900000	6
4	7.2	0.230	0.32	8.50	0.058	47.0	186.0	0.99560	3.19	0.40	9.900000	6
5	8.1	0.280	0.40	6.90	0.050	30.0	97.0	0.99510	3.26	0.44	10.100000	6
6	6.2	0.320	0.16	7.00	0.045	30.0	136.0	0.99490	3.18	0.47	9.600000	6
7	7.0	0.270	0.36	20.70	0.045	45.0	170.0	1.00100	3.00	0.45	8.800000	6
8	6.3	0.300	0.34	1.60	0.049	14.0	132.0	0.99400	3.30	0.49	9.500000	6
9	8.1	0.220	0.43	1.50	0.044	28.0	129.0	0.99380	3.22	0.45	11.000000	6
10	8.1	0.270	0.41	1.45	0.033	11.0	63.0	0.99080	2.99	0.56	12.000000	5
11	8.6	0.230	0.40	4.20	0.035	17.0	109.0	0.99470	3.14	0.53	9.700000	5

■ 图 5-17 部分葡萄酒数据（信息来源：日本 MediaSketch 公司）

波士顿房价数据集

在 5.3 节谈到的回归分析中我们拿波士顿房价数据集作为例子介绍过。使用 Python 的机器学习库 scikit-learn，执行以下代码可以加载波士顿房价数据集。

```
from sklearn.datasets import load_boston
boston = load_boston()
```

另外，也可以从 UCI Machine Learning Repository 网站下载。

这个数据集包含了美国波士顿市内 506 个地区的拥有表 5-3 所示字段的数据。

常见的分析例子是通过回归分析，换测某个地区的房价中位值是多少。同样，对生活相关的数据进行分析的话，将有助于未来智慧城市的实现。

■ 表 5-3 波士顿房价数据集的字段
一般来说房价中位值是目标变量。

（信息来源：日本 MediaSketch 公司）

每 10 万人的年度犯罪案件数
禁止分割地区所占比例
商业地区所占比例
是否在查尔斯河沿岸
氮氧化物的浓度
住宅的平均房间数
在 1940 年之前建成的住宅房间数的平均值
与公司距离的加权平均值
通往高速公路的便利指数
每 10 000 美元的固定资产税
教师人数与学生人数的比例
$1000(x-0.63)^2$，其中 x 为非裔所占比例
未高中毕业人群所占比例
房价中位值（单位：千美元）

比方说把这个数据集的目标变量设定为"每 10 万人的年度犯罪案件数"，就可以预测在哪个地区会发生犯罪。每个地区的各种字段随着时间的流逝而变化，如果将这些变化的字段输入已完成学习的人工智能程序，可以预测犯罪案件数。

洛杉矶警察局等已经引入了使用人工智能的犯罪预测系统，通过事先重点警备可能发生犯罪的地区，成功地降低了犯罪发生率。

除此之外，人们还在研发利用回归分析预测街道的拥堵状况等的人工智能程序。

手写数字数据集

人工智能通过对图像、声音、振动等进行各种模式识别，实现自动驾驶和文字识别等应用。其中，经常使用的是图像识别。从人工智能的早期开始就作为研究对象的是文字识别。

说到文字识别数据集，必然要提到 MNIST 数据集（Mixed National Institute of Standards and Technology database）。这是一份由高中生和美国人口调查局的工作人员手写的数字图像组成的数据集，其中包括 6 万幅训练用图像、1 万幅测试评估用图像，共计 7 万幅数字的图像。除了可以在 Yann LeCun 官方网站下载，还可以使用 Python 的 Keras 库下载并用于分析实际的图像数据。

```
from keras.datasets import mnist
(x_train, y_train), (x_test, y_test) = mnist.load_data()
```

图 5-18 是实际的图像。这个图像的正确答案（写的人打算写的数字）是"5"。

下面就实际地对如何分析这个数据集进行说明。首先，在图像识别的场景下，对该图像属于哪个组进行分类分析。分类的目标变量是数据属于每个有可能所属的组的概率。

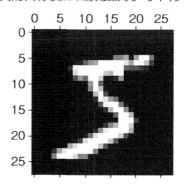

■ 图 5-18 MNIST 的图像正确答案是"5"（信息来源：日本 MediaSketch 公司）

也就是说，这次是对数字的识别，所以要猜图像中的是 0 ~ 9 的哪个数字。因此，目标变量包括图像为 0 的概率、1 的概率、2 的概率、3 的概率、4 的概率、5 的概率、6 的概率、7 的概率、8 的概率、9 的概率，共 10 个。

而特征变量（人工智能的输入数据）是图像数据。因为 MNIST 数据是长、宽均为 28 像素的图像，所以特征变量是合计 $28 \times 28 = 784$ 像素的数据。也就是说，特征变量存在 784 个。

和之前的例子不同，这次特征变量的数量多得可能会让人吃惊。但一般来说，在图像识别领域，因为要分析每个像素的数据是什么样的，所以数量如此多的变量并不少见（见图 5-19）。

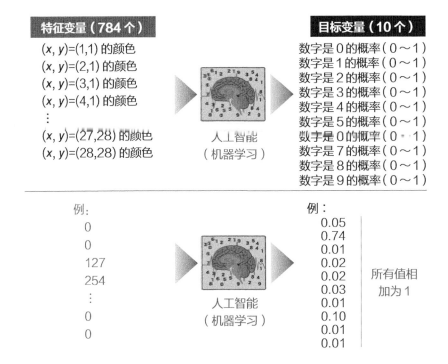

■ 图5-19 手写数字图像数据分析示意（信息来源：日本 MediaSketch 公司）

由于 MNIST 数据是黑白图像，所以各特征变量是从黑到白的 0~255 内的数值（见图 5-20）。

■ 图5-20 以文本展示的黑白图像的值（信息来源：日本 MediaSketch 公司）

不管怎样，我们都要分析这些图像中哪里看上去是白色的，哪里看上去是黑色（数值为 0）的。只是，人工智能其实和人类不同，它并没有寻找线的数量和字的形状等明确的特征，而是发现了诸如"这里和这里看上去都是黑色的情况下……"等很多非常复杂的条件。

另外，人工智能对于即使是东倒西歪的文字，只要将它们作为数字来学习，也能很好地判别出与其相似的数字。

因此，比如想要正确识别扫描得到的方向上下颠倒的文字时，必须拿上下颠倒的数字图像对人工智能做训练。

现在，在各种各样的记账应用和会计服务中，从收银小票图片中自动识别金额和商品名的技术已逐渐成为"标配"。虽然因各种收银机种类的不同导致小票上的数字形状等不同，但通过对从各种收银机打出来的小票进行学习，可以提高人工智能的识别精度。另外，对于小票上字的颜色淡等情况，也可以通过学习同样的小票来实现对这些情况的识别。

使用人工智能的图像识别技术对其他图像进行识别的工作原理也大致相同。

Cifar-10（用于图像识别练习的数据集）

Cifar-10 是由 Alex Krizhevsky、Vinod Nair、Geoffrey Hinton 收集的图像数据集，用于进行图像识别的人工智能做训练，以及评估其性能。

这个数据集在人工智能相关的书籍和论文中也经常被使用，可以从加拿大多伦多大学（UToronto）的官方网站下载。另外，Keras 等人工智能库不仅能从官网下载此数据集，还内置了通过程序读取其的函数，用起来非常方便。

Cifar-10 包含 6 万幅图像。每幅图像都属于由飞机、汽车、鸟、猫、鹿、狗、青蛙、马、船、卡车构成的 10 个组中的一个（见图 5-21）。

Cifar-10 的图像是长、宽均为 32 像素的全色图像。虽然图像非常小，但是很难光靠简单的 3 层左右的神经网络准确预测每幅图像属于哪个组。因此，有必要使用卷积神经网络等深度学习方法进行分析。关于分析方法的详细内容，可参考第 6 章。

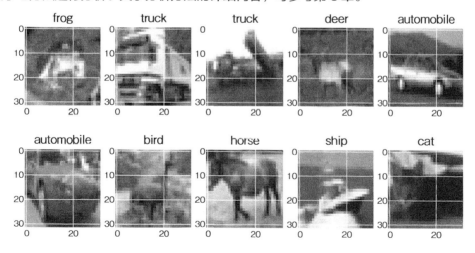

■　图 5-21　Cifar-10 数据集中部分图像
（信息来源：UToronto 网站）

除了 Cifar-10 之外,同一个官网页面上还提供了另一个称为 Cifar-100 的数据集。这个数据集也包含 6 万幅图像,与 Cifar-10 不同的是其有 100 个分组。因此,属于一个组的图像数量是 600 幅。这个数据集也可以用于练习,但是与 Cifar-10 相比,练习难度要高得多。

使用 20 Newsgroups 进行文本数据分析

人们在频繁地进行将人工智能用于自然语言处理的研究。自然语言指的是日语、汉语、英语等人类在日常会话中使用的语言。自然语言用在新闻、社交网络服务(Social Networking Services,SNS)、聊天、咨询等各种场景。

自然语言的数据不是数值。因此,虽然不常被人们视为数据源,但其实自然语言的数据包含着宝贵的信息。

比如在发生灾害时,通过分析当地人在 SNS 上发布的传感数据和信息,我们可以尝试掌握每个地区灾情的紧急程度。

另外,自然语言处理也可以从文本和咨询中自动判断其内容是积极的还是消极的。感情分析用于将用户对商品和企业的评价等进行数据化的处理。

可以用于自然语言处理练习的数据集是 20 Newsgroups 数据集。这个数据集包括互联网新闻网站(指的不是新闻网站,而是采用以前流行的 NNTP、任何人都能向特定的话题发表评论的新闻推送服务。类似于邮件列表)中由用户发表的 20 个类别的讨论文件、共有 18 846 个。该数据集可以从官方网站(qwone 网站)下载。此外,还可以使用 Python 库 scikit-learn,通过程序下载并读取数据。

```
from sklearn.datasets import fetch_20newsgroups
twenty_train = fetch_20newsgroups(subset='train')
twenty_test = fetch_20newsgroups(subset='test')
```

这个数据集的典型分析例子是根据文件的内容,让人工智能预测其属于哪个类别的分类。其实在将各种文档自动分类到某个类别中时,可以采用相同的方法。目标变量是文本属于 20 个类别中每一个类别的概率,共 20 个(见表 5-4)。

■ 表5-4 20 Newsgroups 的类别(信息来源:qwone 网站)

comp.graphics comp.os.ms-windows.misc comp.sys.ibm.pc.hardware comp.sys.mac.hardware comp.windows.x	rec.autos rec.motorcycles rec.sport.baseball rec,sport.hockey	sci.crypt sci.electronics sci.med sci.space
misc.forsalle	talk.politics.misc talk.politics.guns talk.politics.mideast	talk.religion.misc alt.atheism soc.religion.christian

至于特征变量,在做自然语言分析时,作为数据的文档必须用某种方法转换成定量的数值。将文本按照特定规则进行数值化的处理称为 Tokenizer。文本以怎样的标准、如何数字化是非常重要且困难的问题。

人们已实际地尝试了各种各样的方法,特征变量的个数和内容会根据使用不同的算法和方法而不同。这里介绍一下使用 Tokenizer 的方法。Python 的人工智能库 Keras 准备的 Tokenizer 非常简单,根据特定单词在文本中出现的先后顺序进行数值化。

比如以下文本。

This is a pen. This is Takashi's belongings.

这时对文本中的单词按照行文顺序从 0 开始赋予 ID。

This: 0 is: 1 a: 2 pen: 3 Takashi's: 4 belongings: 5

最后,按照 ID 的顺序统计文本中各个单词的出现次数,作为特征变量。

MEMO

日语解析和预处理

英语的词法分析非常简单。在进行词法分析时,首先要将文本分解为一个个单词去解析,但英语的每一个单词都是用空格隔开的,所以不需要做特别的考虑,按空格区分文字就可以取出单词了。

但是,日语没有区分单词的记号,所以很麻烦。有一个有名的日语文本的分词工具 MeCab(Mecab 的原意是一种海藻)。

MeCab 作为开源软件发布,因此,任何人都可以下载并在遵循许可证的前提下使用。

MeCab 除了可以在 C 语言中使用,在 Python 等语言中也可以通过封装库方便地调用 MeCab。

实际地让 MeCab 解析日语,会显示以下内容(在 macOS X 上执行的结果)。

```
~: $ mecab
すもももももももものうち
すもも 名词,普通名词,*,*,*,*,すもも,スモモ,スモモ
も    助词,系动词,*,*,*,*,も,モ,モ
もも  名词,普通名词,*,*,*,*,もも,モモ,モモ
も    助词,系动词,*,*,*,*,も,モ,モ
もも  名词,普通名词,*,*,*,*,もも,モモ,モモ
の    助词,连体词,*,*,*,*,の,ノ,ノ
うち  名词,非自立,可作为副词,*,*,*,うち,ウチ,ウチ
```

从示例可见,MeCab 不仅可以对日语文本进行分词,而且还可以分别判别出它们的词性,是处理日语的必不可少的软件。它也可以判别专有名词,但默认词库的单词是有限的,未加在词库中的单词无法被判别为专有名词。对于这种情况,用户可以自行向词库中添加单词。

对于本例来说，This（ID 为 0）的出现次数是 2 次，所以第一个数字是 2；接下来的 is（ID 为 1）的出现次数是 2 次，所以下一个数字是 2；之后的 a（ID 为 2）的出现次数是 1 次，所以下一个数字是 1。最终，此例的特征变量为 [2,2,1,1,1,1]。

这种将文本处理为作为特征变量的多个数值的集合的做法称为向量化或向量数值化（见图 5-22）。

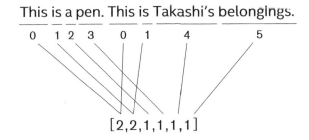

■ 图 5-22　使用 Tokenizer 对文本进行向量数值化（信息来源：日本 MediaSketch 公司）

让我们回到 20 Newsgroups 数据集的讨论。这个数据集有 11 314 个文本数据。这些文本数据中出现的所有不同的单词有 105 373 个。换言之，使用该数据集进行分析的特征变量的个数为 105 373 个，单词的 ID 相对应的数字是单词在文本中的出现次数。分析特征变量，通过调查哪个单词的出现次数来预测文本的种类。比如识别文本的内容是关于棒球的还是关于计算机图形学的（见图 5-23）。

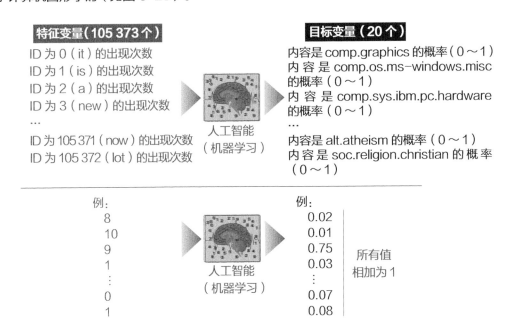

■ 图 5-23　20 Newsgroups 文本数据分析示意（信息来源：日本 MediaSketch 公司）

Keras Tokenizer 的数值化规则非常简单，然而需要大量数据。但是，不需要人去做麻烦的预处理，所以能够以高精度进行预测。在自然语言处理中，如何将文本数值化是与精度直接相关的重点，数值化以后，可以用与其他分析相同的方法进行分析。

5.5 学习

学习的意义

要说现在的人工智能和非人工智能的软件有什么区别，那就是其是否具有学习的功能。非人工智能的软件内置了特定的计算表达式，对于相同的输入数据，无论执行多少次都会输出相同的计算结果。

与此相对，人工智能具备学习的功能。前面讲过，人工智能推导出了特征变量和目标变量之间的关系。所谓学习，就是根据与特征变量和目标变量有关的过去的事实数据，重新计算新的关系。也就是说，学习的数据越多，就越能根据各种各样的模式建立关系，对未知的数据也能进行非常高精度的预测，从而产生高价值的人工智能。

机器学习

在现在的人工智能中，实现承担核心任务的"学习"部分的算法（程序的实现方法）有几种类型。

例如，有用的算法有决策树、SVM、遗传编程、神经网络等。我们将这些进行学习的算法统称为机器学习（Machine Learning）。

其中，神经网络是根据经验来改变信息传递的，用计算机再现人脑中发生的现象，它基于计算智能这一新的思想（关于神经网络的知识将在第 6 章详细说明）。

学习数据和监督学习

人工智能在什么都没有学习的早期阶段会随意输出结果（因方法而异，实际上基于随机确定的参数输出计算结果）。这样的程序是没有用处的，所以需要通过学习的过程培养"聪明的人工智能"。准备学习数据让人工智能学习的方法是一种在最短时间内高效学习的方法。这种学习方法叫作监督学习。

学习数据包含特征变量和目标变量的数据，人工智能通过学习这些数据来提高精度。学习数据需要用某种方法制作。学习数据的制作费时费力，这是监督学习的缺点。

无监督学习

除了监督学习之外，不通过学习数据学习，只通过分析对象的数据进行学习的方法叫作无监督学习。无监督学习中常用的算法是聚类。无监督学习的优点是无须事先准备数据（学习数据）。但通常来说，要想利用无监督学习提高精度，比监督学习需要更多的数据和时间。

强化学习

与无监督学习一样，不需要学习数据的学习方法还有强化学习。强化学习只在人工智能输出的结果能被自动评分的情况下使用，它学习评分结果以提高精度。

使用强化学习的典型例子是使用人工智能玩游戏。因为游戏的行动结果会直接反映为得分，所以强化学习会参考得分来修正计算时使用的参数。反复地玩几万次、几百万次之后，人工智能就能非常迅速地拿到高分。

其他应用场景还有使用强化学习，让两足步行机器人记住如何保持平衡才能快速移动。

如果能通过强化学习训练人工智能，那么人工智能会自动变聪明，节省人力，这是强化学习的优点。

但一般来说，与监督学习相比，强化学习使人工智能变聪明更花时间。此外，强化学习只能用在人工智能可以明确用数值判定运行结果的好坏的场景，所以它的应用场景受限。

学习方法的选择

到这里我们已经介绍了监督学习、无监督学习、强化学习共3种学习方法。在实际应用中，与其说要我们选择学习方法，不如说根据实际情况来决定更贴近。每个方法都有优点和缺点。如果有资金购买高性能的用于训练的计算机，选择强化学习更好。这是因为它不耗费人力，能通过学习海量数据来提高精度。

不过，如前文所述，使用强化学习时，需要在网络空间定量评估预测结果。如果让人工智能操作游戏，它可以马上取得分数，但是在实际业务中使用人工智能的时候，我们不知道该业务能否自动反馈结果、是否具备强化学习运转的机制。

因此，如果不具备使用强化学习的条件，可以选择监督学习。应该注意的是，使用某个算法并不一定就决定了学习方法。比如，神经网络（深度学习）既可用于监督学习，也可以用于强化学习。英国 DeepMind 公司开发的围棋人工智能程序 **AlphaGo** 是使用神经网络来学习的，早期使用专业棋手过去对局的棋谱作为监督学习的学习数据学习之后，开发者对其实施了 AI 之间对战的强化学习。实际工作中要让人工智能进行什么样的学习，需要设计人工智能的工程师一边考虑各种情况，一边进行各种尝试和钻研，不断地思考。结论就是不能一概而论。

5.6 机器学习的算法

与学习方法的选择一样，人工智能工程师在设计阶段需要考虑的事项有机器学习算法的选择，这也需要基于数据的特性和分析的目标等做出合适的选择。

下面介绍一些有名的机器学习算法的基础知识。

决策树

决策树是解决分类问题时使用的算法。用决策树分析分类问题时，我们要读取学习数据，分析特征变量要满足什么条件会使目标变量的值发生变化。

在这个分析中，我们可以将所有的学习数据分类，制作出一颗由多个条件构成的叫作决策树的具有条件分支的树。例如，图 5-24 是将第 5.4 节介绍的 Ronald Fisher 的鸢尾花数据集用决策树算法分析制作而成的决策树的可视化结果。第一个条件分支是确认花瓣宽度（ petal width ）是否在 0.8 以下。由于对于这个数据集中的数据而言，petal width 在 0.8 以下的鸢尾花全部都属于叫作"setosa"的品种，所以可以这样判断。除此之外的数据，无法判断它们是"versicolor"还是"virginica"的，所以移动到下一个条件（见图 5-24 ）。

从图 5-24 中可以看出，在决策树上可以看到之后是根据什么样的条件做出判断的，所以它是唯一的人能了解到它内部做了什么的机器学习算法。

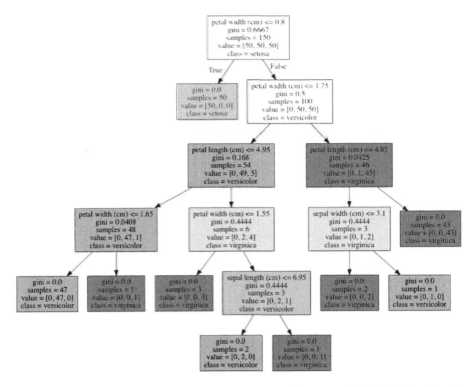

■ 图 5-24 分析 Ronald Fisher 的鸢尾花数据集而成的决策树（方格中为判断条件，信息来源：
日本 MediaSketch 公司）

SVM

SVM 是支持向量机的英文 Support Vector Machine 的缩写，在深度学习算法确立之前，它是在图像识别等领域经常使用的算法。SVM 既可用于分类，也可用于回归。

在软件库和技术资料中，人们对基于使用 SVM 进行分类分析的 Support Vector Classification 取首字母，将这种分析称为 SVC。另外，对于使用 SVM 进行的回归分析，人们取 Support Vector Regression 的首字母，称之为 SVR。

下面首先从使用 SVC 进行分类的使用示例开始讲解。假设我们有气温和湿度的变化会让人感到舒适还是难受的实地调查问卷以及做了标注的学习数据，图 5-25 是部分数据的展示。

根据学习数据，我们推测人是否感到舒适的分界线是直线。也就是说，我们要在图 5-25 上寻找将 "○" 和 "×" 漂亮地分成两部分的直线。用于

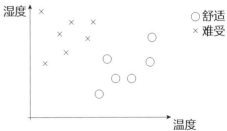

■ 图 5-25 气温和湿度的变化而引起的人的不同感受的数据示例（信息来源：日本 MediaSketch 公司）

分组的直线叫作**超平面**（为什么称为平面呢？简单地说，实际上 2 维的平面很少用直线分开，3 维以上的空间大多用少 1 维的平面分开。可参考后面的核技巧）。

对于图 5-26 所示的情形，存在着很多将○和 × 分为 2 部分的直线。我们要选择其中最好的直线作为超平面。那么，什么是最好的直线呢？SVM 算法会计算直线与属于各组的点中最接近直线的点之间的距离。这个距离叫作**间隔**（Margin）。用于计算的属于每个组的点中最接近直线的点被称为**支持向量**。

SVM 采用使得间隔最大的直线作为超平面。这是因为间隔越大，即使点的位置稍有变化，今后取得的数据也很难被误判断。反之，若采用间隔较小的直线，只要点的位置稍微偏离，判断就会发生变化。总的来说，用间隔大的直线来分组是妥善的分类方法（具体的数学表达式上的说明会变得非常复杂，此处不赘述。对数学表达式感兴趣的读者，可参考机器学习相关的专业书籍）。

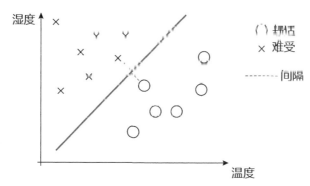

■ 图 5-26　SVM 的间隔（信息来源：日本 MediaSketch 公司）

为了便于说明，前面给出的都是非常浅显易懂的例子，但在实际工作中并不会这么简单。

此外，还可以使用**核技巧（Kernel Trick）**这种方法，即用非线性（非直线）的线进行分类的方法。我们看一个核技巧的例子：如果有图 5-27 所示的（1）那样的数据，任何直线都不能将其分为两组。此时，在 x、y 以外，引入一个使用某个函数对 x、y 计算得出的 z 轴，将数据作为 3 维数据来考虑。

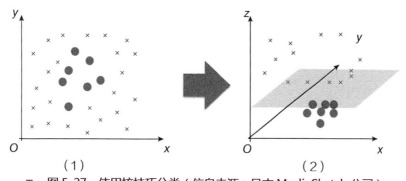

■ 图 5-27　使用核技巧分类（信息来源：日本 MediaSketch 公司）

例如，如果 z 是表示图 5-27（1）中与●组中心的距离的轴，那么 x、y、z 的图形如图 5-27（2）所示，图 5-27（2）中可以通过表示平面的判别函数来分组。此时，对 x、y 的值计算 z 的表达式称为**核函数**。

像示例所示的简单多项式的核函数很少，实践中人们使用径向基函数（RBF 函数）和 Sigmoid 函数这种表达式更为复杂的核函数。

这种通过引入使用内核函数计算 x、y 的值而得出的特征来区分的方法是**核技巧**。核技巧的判别函数不是线性的，而是非线性的（也就是曲线）。只是，无论怎么找超平面，所有的点不一定都能用超平面分开。对于这种情况，对错误判定的点使用损失函数计算惩罚值后，尽量寻找惩罚值小的超平面。SVM 使用 Hinge 损失函数作为基于误差计算惩罚的损失函数。

本小节的最后对使用 SVM 的回归分析 SVR 进行说明。SVR 使用 SVM 算法寻找与各数据距离最小的超平面。它计算超平面与各数据之间的距离，将其作为误差。SVR 的特点是在计算误差时使用 ε 不敏感（Epsilon Insensitive）函数作为损耗函数。ε 不敏感函数是指将一定的误差视为 0 的函数。至于将多少误差视为 0，使用者可以在程序的源代码内指定 ε 系数（在 Python 库 scikit-learn 中，默认值为 0.1）。这样，回归曲线附近成为不敏感区，这个区域内的数据的误差全部为 0（见图 5-28）。

使用这样的方法，在忽略多少误差产生的偏差的情况下，找出表示数据整体趋势的回归曲线，最终就能得到抗噪声干扰强的回归曲线。

到这里，我们对 SVM 进行了说明，由于 SVM 是基于数学上复杂思想的算法，所以不具备数学知识的人很难彻底理解。

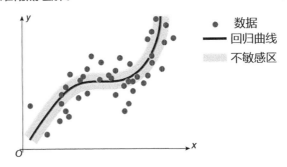

■ 图 5-28　SVR 和不敏感区的示例（信息来源：日本 MediaSketch 公司）

另外，SVM 是在深度学习出现之前频繁使用的重要算法。请充分理解这句话："这是一种寻找将数据分成各组的超平面的方法"。对于 SVM 更详细的讲解，建议读者在掌握了数学知识的基础上，阅读包含 SVM 相关内容的论文和专业书籍。

遗传算法

遗传算法是引入了生物遗传机制，将其作为指导思想的**进化算法**之一，它经常被使用。

进化算法是通过强化学习反复修正一开始随机生成的参数，使其进化成更好的参数的算法。

比如，如果让人工智能玩拆砖块游戏的话，首先随机确定行动的顺序。什么都不做的话是 0，向左走的话是 1，向右走的话是 2，假设行动 10 次，就有 [0,1,0,2,1,1,0,0,2,0] 这样的由 10 个参数构成的参数组。在遗传算法中，这种用于评估的由多个参数组成的参数组被称为**个体**。

接下来创建 100 个这样的个体。由多个个体组成的集合称为**种群**。最早用随机参数随意创建的种群被称为第 1 代。准备完毕后，算法使用评估函数对全部的种群进行评估、打分。评估函数通过与表示结果的传感器值等的比较来计算误差，也可以通过玩实际的游戏或进行物理模拟，利用其得分来计算误差。如果所有的种群都被赋予了得分，根据精英主义的想法，算法只保留一定比例的、按分数从高到低顺序处于前列的种群作为下一代。这叫作**选择**。

在转移到下一代时，除了选择以外，还可以通过**交叉**（或交配）和**突变**等对分数高的种群进行一定的修正，从而创建新的种群。交叉是从分数优异的种群中选择两个种群，将这两个种群的参数每隔一定数量交替着混合在一起。突变是用随机数修正一定数量的参数，在程序内可设定修正比例，用于控制修改多少数量的参数。将选定的种群进行交叉或突变后生成的种群合并为第 2 代，再次进行评分后，再创建下一代。反复操作直至几百代之后，就会形成拥有非常优秀参数的种群。这就是**遗传算法**（见图 5-29）。

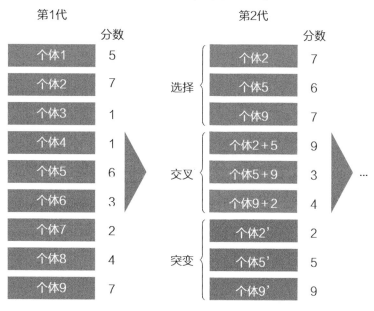

■ 图 5-29 遗传算法的世代交替（信息来源：日本 MediaSketch 公司）

K 均值算法

　　K 均值算法的英语是 k-means Clustering，是一种**无监督学习**的实现聚类的算法（关于聚类的详细内容请参见第 5.3 节）。K 均值算法是根据特征将数据集分成组的算法。因为它是无监督学习，所以无须人提供分组的信息。该算法会根据数据的特征，通过寻找最平衡的各小组的重心来进行分组。下面按步骤说明如何找到最平衡的重心。

　　① 从数据中随机取出少量数据作为重心点。

　　② 通过选择对距离各数据最近的重心点来进行分组。

　　③ 计算当前每个组的重心点。

　　④ 反复执行②和③，直至将重心移动到使组的平衡性良好的位置（见图 5-30）。

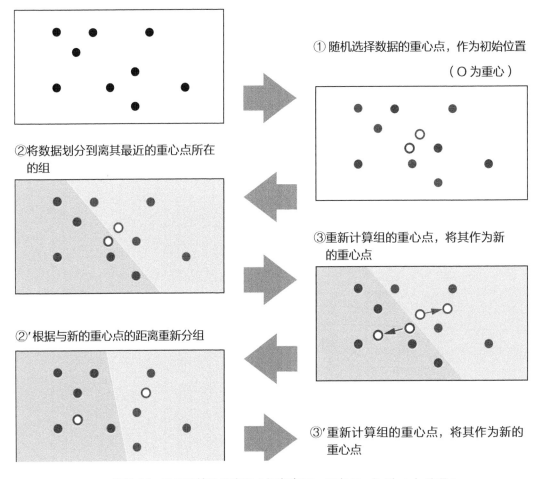

■　图 5-30　K 均值算法的步骤（信息来源：日本 MediaSketch 公司）

图 5-31 是使用 K 均值算法将实际存在的数据集分为 3 个组的例子。

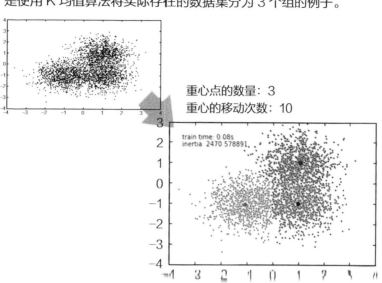

重心点的数量：3
重心的移动次数：10

■ 图 5-31 使用 K 均值算法分组的例子（信息来源：日本 MediaSketch 公司）

在这个例子中，我们使用作为数据特征的横轴的值和纵轴的值简单地进行分组，但实际上各轴是温度和湿度等特征变量。另外，这次为了让示意图更容易理解，我们用 2 个轴（特征变量为 2 个）进行说明，但在实际工作当中会有更多维（特征变量多）。因此，我们接着分析在多维的情况下数据可以分成什么样的组。

比如，我们在第 5.4 节中介绍的 Ronald Fisher 的鸢尾花数据集中，特征变量有 4 个（萼片宽度和长度、花瓣宽度和长度），因此我们要分析 4 维空间中的重心，并进行分组。

在现实世界中，用人类的视点来看，用 K 均值算法分出的组会有怎样的共同点和特征呢？在实际分析过后，人会去思考。因此，K 均值算法不是用来划分此前人类找到的组，而是用来从数据中发现具有一些特征的新组。

例如，人们经常用它做这样的分析：根据顾客的购买记录等将用户分成 10 个组，对每个组进行不同的促销。另外，还可以根据人口和犯罪率等特征将地区分为 5 个组，再根据每个组的特征制定相应的犯罪预防措施。

MEMO

应该选择哪种算法？

决策树是一种能在短时间内计算非常简单的分类的方法，但是不适合用于复杂的数据分类和容易受到噪声影响的数据分类。

SVM 和神经网络更适合分析复杂的数据。但是，SVM 和神经网络在数据量大的情况下的学习比较耗时，而且如果不能很好地调整计算中使用的函数参数，就无法提高学习的精度。

综上所述，算法选择的普遍标准不够明确。在实际工作中，选择哪种算法更好，不仅要考虑数据量和特征，还要考虑人工智能的学习要花多少时间、人工智能的结果将用于何种场景，在明确这些问题的答案之后再进行选择。从某种意义上来说，算法的选择需要专业人士的经验。在掌握各算法的特征的基础上，选择看起来最好的算法是很重要的。

但是，随着最近计算机处理能力的提高，与深度学习相关的优秀的数据库和文献的增加，可以看出存在着首先通过深度学习（或神经网络）来分析的趋势。笔者认为读者在刚开始学习机器学习时，这样做绝对不是坏事。但是，读者将来也要学习其他传统的机器学习算法，掌握这些知识会更好。顺便提一下，网上公开了几份如何选择算法的通用做法的速查表。速查表记载了根据数据量和分析目标选择算法的技巧。供读者参考。

Python 机器学习库 scikit-learn 速查表可访问 scikit-learn.org 网站。

微软公司提供的 Azure Machine Learning Studio 的机器学习库速查表可访问 microsoft 网站。

第 **6** 章

深度学习——现在的人工智能

本章将介绍较受关注的深度学习。要想理解它的原理，首先必须理解神经网络及其学习的原理。

深度学习的本意是深层学习。也就是说，深度学习是使得神经网络能够由深的层构成的各种技术的总称。

因此，在本章中，我们首先从神经网络及其学习的原理开始学习。如果能理解神经网络的原理，就能深入理解人工智能是如何运作的了。

之后，本章将介绍实现深度学习的各种技术。

第 1 章
第 2 章
第 3 章
第 4 章
第 5 章
第 7 章
第 8 章
第 9 章

第6章 深度学习——现在的人工智能

6.1 神经网络

我们首先了解神经网络的基本原理。其实早期的神经网络（全连接型的神经网络）并不是那么难，所做的只是简单的运算。但因为运算量很大，所以看起来很复杂。

本节将对神经网络实际进行的处理逐个讲解，加深读者的理解。

神经网络的诞生

在这个世界上已经出现了好几个被认为是"天才"的科学家和技术人员。他们伟大的发明中有很多是从自然中学来的。比如机器人保持平衡的方法和力量分散的方法等很大程度上就是从昆虫和动物身上学来的。从自然能学到很多东西，这说明生物的结构是优秀的，尤其是拥有高度智能的人的大脑非常优秀。但是，人的大脑结构非常神秘，至今我们仍有很多没弄明白的地方。

人称"深度学习之父"的 Geoffrey Hinton 既是计算机科学家，又是认知心理学者。另外，英国 DeepMind 公司的创始人 Demis Hassabis 是计算机游戏设计师，也是认知神经科学的研究者。换言之，脑科学家正在开发人工智能。毫不夸张地说，现在的人工智能（特别是深度学习）是以人的大脑为模型开发的。

计算机模拟人脑的历史可以追溯到加拿大籍的美国神经生物学家 David Hubel 和瑞典神经科学家 Torsten Wiesel 在 1959 年发表的论文 ❶。他们认为动物大脑（大脑皮质）中的信号存在着一定的规律。他们一边给已麻醉的猫看各种明暗模式的图像，一边对猫的视觉神经元的激活响应进行调查（关于神经元的激活，将在"逻辑电路"一节进行说明）。结果，他们从给猫看图像中发现大脑信号有一定的规律（见图 6-1）。凭借这篇论文，他们获得了诺贝尔生理学或医学奖。

如果大脑的活动有规律，又能在计算机上成功模拟大脑活动的话，也许人们就能创造出人造的大脑。带着这个想法，模拟人脑的人工智能的历史开始了。

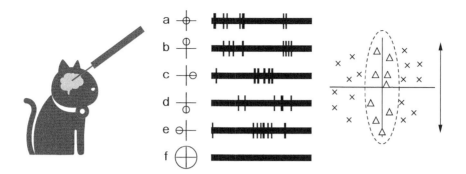

图 6-1 让猫看到的光的位置和神经元中电位变化的模式（信息来源：日本 MediaSketch 公司）

大脑中信息传递的工作原理

在进入神经网络的话题之前，我们先简单地了解人的大脑是如何工作的。先理解这个内容有助于理解神经网络的结构。人的大脑由多个神经元（神经细胞）连接而成（见图 6-2）。

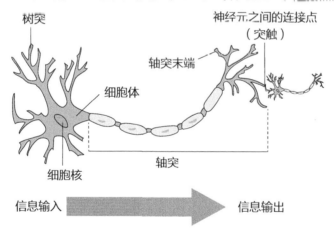

图 6-2 神经元的构成（信息来源：日本 MediaSketch 公司）

神经元首先通过树突接收来自外部或其他神经元的信息，然后将信息通过轴突和连接点（突触）传递给下一个神经元。请记住，作为信号入口的树突有多个，作为信号出口的轴突末端也有多个。神经网络的构成与这个网络相同。

这里所说的神经元传递的信息是什么呢？脑中的信息是指电信号。

首先，神经元平时处于稍微特殊的状态。神经元内侧钾离子多，外侧钠离子多。在神经元的内侧和外侧，有 60 ～ 70mV 左右的电位差（电压），这叫作静息电位。大脑为了保持静息电位，经常在内、外侧进行离子的移动，因此会持续消耗能量（见图 6-3）。

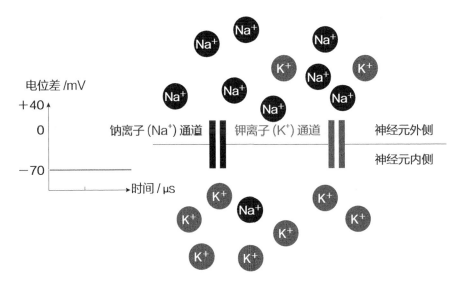

■ 图 6-3 静息电位状态中神经元内、外侧的离子状态和电位差（信息来源：日本 MediaSketch 公司）

树突受到来自外部的物理、化学刺激后，在从神经元外侧急速流入钠离子的同时，钾离子也会流出。由此，内外的电位差发生逆转。内侧电位的最大值为几十毫伏，瞬间（约 1 μs）变得比外侧高。这个状态叫作动作电位（见图 6-4）。

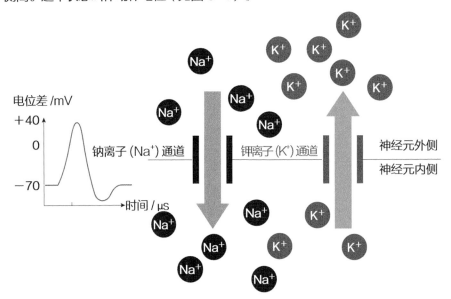

■ 图 6-4 动作电位状态中神经元内、外侧的离子状态和电位差（信息来源：日本 MediaSketch 公司）

也就是说，在神经元中信号传递的机制是这样的：在接受一定程度以上的刺激后，神经元内、外侧会发生离子的急速移动，使得电位从静息电位瞬间转变为动作电位，从而产生电信号，然后马上恢复为静息电位。这个过程叫作激活。另外，此时作为激活条件的刺激强度叫作阈值。激活是在神经网络中频繁使用的用语，请记住它。发生激活后，刺激会传到连接了轴突末端的其他神经元。

激活有以下特征。

- 因受到一定程度以上的刺激而急剧发生，所以不会发生"半途而废"的激活。
- 由于激活而产生的电位变化，即使传递了几个神经元其大小也不会改变。
- 激活引起的电信号仅前向（从树突到轴突末端）传播，不会向相反的方向传播。

大脑中的刺激就像这样从神经元向神经元传递，不同部分的神经元的激活最终引起大脑识别和思考。

大脑的学习

生物的大脑状态总是在变化。神经元的数量随着人的成长而增加，各神经元也被连接起来。以前有一种说法是神经元在成年后不会增加数量，但是现在更有力的观点是即使人在成年后，神经元数量也会因为刺激而持续增加。

MEMO

天才的大脑很大，神经元数量很多，这是真的吗？

以前有这样一个煞有介事的说法：爱因斯坦的大脑比普通人大，因而才有了天才性的研究。但是，现在可以说这个说法是错误的。像水母和昆虫这样的原始生物的神经元的数量只有几千个，而据估计人的大脑神经元有 1000 亿个。因此，如果基于神经元的数量决定聪明程度，那么在人类当中，大脑更大的人可能会被认为是"天才"。

在不同生物之间比较，神经元的数量和聪明程度似乎有关系，但是如果在人类之间比较，神经元数量的不同似乎没有带来什么不同。也就是说，在人类当中，大脑的大小和聪明程度并没有什么关联，实际上爱因斯坦的大脑也不是特别大。

除此之外，大象的神经元数量比人类多 3 倍左右。大象在动物中确实是聪明的，但是遗憾的是不能说大象比人类聪明。如果认为学习就是"优化突触强度"的话，那么人不是什么都不做就能变得聪明，而是在学习的过程中向大脑传达各种各样的刺激，多次重复这一过程的人会变得聪明。

有的刺激是从眼睛和耳朵接收的，也有的是从皮肤接收的，通过运动也能向大脑传递刺激。基于这一事实，在文化学习和体育锻炼上双管齐下的做法也许更为有效。

突触强度的变化量或许受到遗传的影响。说到人们理解和记忆的速度，不仅要学习语文和数学，还要学习体育和艺术等各种各样的课程，受到各种各样的刺激就会变快。

经历各种各样的事情才会使人真正地变聪明。补充说明一下，这里所说的"聪明"并不仅仅意味着考试成绩好，更意味着想象力丰富、富有表现力、有逻辑性的思考力、有优秀的应用能力等作为人而言真正意义上的聪明。

　　另外，神经元之间的信号传递的难易程度也会因各种各样的原因而发生变化。虽然人们还没有弄清楚它的原理，但是据说对大脑的学习最有影响的是作为神经元之间连接点的突触。突触有向下一个神经元传递信息的作用，每次传递信息的时候信息传递的难易程度（突触强度）就会发生变化。通过对突触强度的优化，人们才得以进行学习，也就是说，人们可以做到记忆信息，或者进行单杠翻转上杠等运动。

　　也就是说，人类学习的过程就是通过多次向大脑传递由眼睛、耳朵、手等接收到的刺激，使超过 100 兆个突触强度不断变化而得到优化的过程。神经网络也借鉴了这种方式。

逻辑电路

　　我们已经了解了人的大脑的一些知识，现在开始在计算机上模拟大脑的工作。

　　首先，神经元接受电信号，根据一定的条件决定是否输出它。如果输出，信号会被传递到下一个神经元。用于在软件上表示这一过程的是**逻辑电路**。逻辑电路是指对多个输入信号在特定条件下进行输出的逻辑运算的电子电路。

　　例如，与门（AND）仅在所有输入为"1"时输出"1"，否则输出"0"。或门（OR）在只要有一个输入为"1"时就会输出"1"，仅在所有输入为"0"时才输出"0"（见图 6-5）。

　　通过将这样的逻辑电路前后相连，可以实现更复杂的逻辑电路（见图 6-6）。

　　如果能够组合出这样复杂的电路，那么对于各种输入值，就可以通过电路计算出目标输出值。人们基于这个思路设计了神经网络。

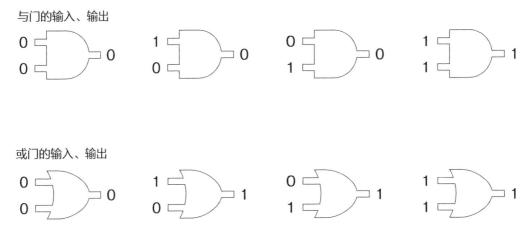

■　图 6-5　与门和或门的输入、输出（信息来源：日本 MediaSketch 公司）

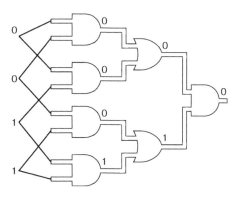

■ 图6-6 逻辑电路示例（信息来源：日本 MediaSketch 公司）

神经网络的结构

神经网络是由多个相当于大脑神经元的单元（也有文献将单元称为神经元）连接起来的。为了便于理解，我们来看一个神经网络结构的示例（见图 6-7）。

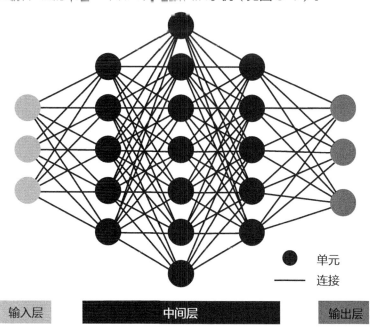

■ 图6-7 神经网络结构的示例（信息来源：日本 MediaSketch 公司）

这个示例是神经网络中最基本的阶层型神经网络的结构，由多个神经网格层构成。各层都配置了多个单元，单元分别与前一层和下一层配置的单元连接。

层可以分为输入层、中间层（隐藏层）和输出层。输入层接收输入值（特征变量的值）。输出层则发送输出值（目标变量的值）。

英语文献常用隐藏层（Hidden Layer）表示中间层。无论用哪个说法都是相同的意思，都没有问题，但是为了更容易给人这些层是中间部分的印象，本书使用"中间层"的说法。

中间层由多个层构成，每层有多个单元。中间层中的单元根据被称为感知机的算法进行计算处理（后文详细说明感知机）。通过感知机的处理，这些单元被连接起来，成为由多个层构成的计算模型，这个模型被称为**多层感知机**。

在神经网络中，从输入层到输入层的数值被传递到中间层，经各层单元进行计算处理后，计算结果朝着输出层的方向传播到各层。这个过程叫作**前向传播**。

在开发人工智能程序时，由人决定实际配置几层中间层、各层配置几个感知机。在此基础上，还要由人在程序中定义参数。这种不是自动决定，而是必须由人来决定其值的参数，在人工智能领域叫作**超参数**（Hyperparameter）。各单元从前面的层接收到多个数值后进行计算，将结果传达给下一层，简直就像人的大脑中的神经元一样对数值进行处理。

基于感知机的计算处理

下面我们看看各神经网络单元进行什么样的处理。单元所做的人工智能的复杂计算和学习的处理不能由前面介绍的那些简单的逻辑电路进行。于是，神经网络在单元的处理中采用了美国心理学家 Frank Rosenblatt 在 1958 年设计并发表的一种叫作感知机（Perceptron）的算法 [2]。

让我们看看基于感知机理论的单元内的处理是怎么做的。首先，单元接受的数值个数由与前一层的连接数决定。

假如与上一层的 1000 个单元连接，就接受 1000 个数值进行处理。为了加深理解，这里举一个简单的例子：假设输入的数值个数为 2 个。

向单元输入的 2 个数值为 X_1、X_2。

在单元内，简单地将输入数值相加。

但是，X_1 和 X_2 的值不能直接传递给单元。

所有单元之间的连接都有权重。权重表示值传递的难易程度（相当于大脑的突触强度）。

由于权重一般用"W"来表示，因此输入值 X_1 的权重为 W_1、X_2 的权重为 W_2。

将权重与从上一层收到的各个值相乘，此时单元内的计算表达式如下所示。

$$X_1 \times W_1 + X_2 \times W_2$$

由于是乘法，所以在 $W_1 = 1$ 的情况下，X_1 的值直接传递；在 $W_1 = 0.5$ 的情况下，传递 X_1 一半的值；在 $W_1 = 0$ 的情况下，无论 X_1 的值是什么都传递 0（见图 6-8）。

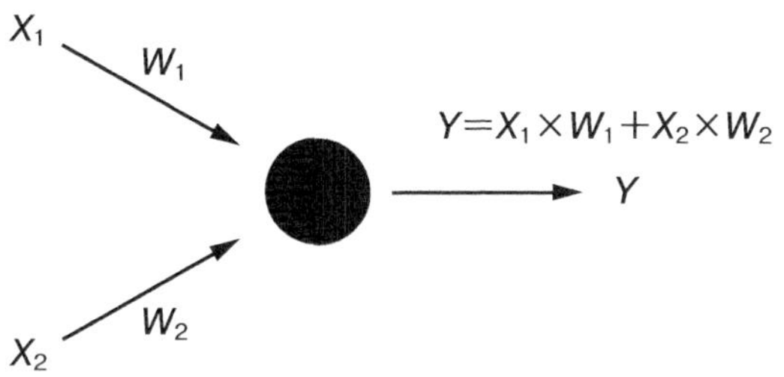

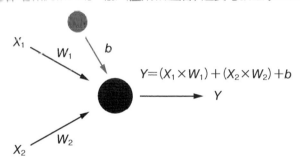

图 6-8 输入值和权重的计算（信息来源：日本 MediaSketch 公司）

就像人脑在进行学习时，各神经元的突触强度会发生变化一样，单元之间连接的权重也会随着学习而变化。经过多次学习，修正了权重后，无论输入层收到什么值，输出层都能输出合适的数值。这就是人工智能变聪明的原理（第 6.2 节将详细说明学习的原理）。

顺便说一下，据估计人的大脑神经元的数量有 1000 亿个，而突触的数量有 150 兆个。同样地，请记住神经网络的连接数（权重的个数）就像图 6-7 所示的那样也存在很多个。

还有一个计算是在单元内进行的，输入值乘权重后，还要与偏置（Bias）相加（见图 6-9）。

图 6-9 单元内输入值乘权重后与偏置相加（信息来源：日本 MediaSketch 公司）

偏置是每个单元要准备的数值。它是除了权重系数以外，决定单元本身的计算结果大小的数值，一般用 b 来表示。最终，对于 X_1 和 X_2 两个输入值，单元内所做的计算如下所示。

$X_1 \times W_1 + X_2 \times W_2 + b$

（X：输入值。W：权重。b：偏置。）

偏置也和权重一样，通过学习，其值也会发生变化，通过多次的学习，最终被优化成适合的解。

为了便于理解，我们举的例子是只有 2 个输入值的情况，但在实际工作中会有更多的输入值。如果输入值有 N 个，那么单元所做的计算如下所示。

$X_1 \times W_1 + X_2 \times W_2 + X_3 \times W_3 + \cdots + X_{N-1} \times W_{N-1} + X_N \times W_N + b$

也可以简写为 $WX+b$（X：输入值的集合。W：权重的集合。b：偏置）。

激活函数

前面讲过单元内的处理会对输入值使用权重和偏置进行计算。但在最后，计算结果不是直接输出，而是在应用被称为激活函数的函数后输出。激活函数有很多种，之后将依次说明各种激活函数的特点（见图6-10）。

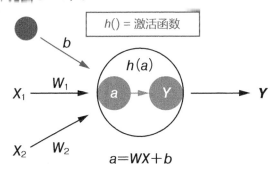

$$h() = 激活函数$$

$$a = WX + b$$

■ 图6-10 包含激活函数的单元内处理（信息来源：日本MediaSketch公司）

> **MEMO**
>
> **初始状态的人工智能**
>
> 不过，人工智能在什么都没有学习的状态下，权重和偏置等参数的值是什么呢？一般来说，初期的权重和偏置的值是随机数。因此，一开始用人工智能计算的话会得到不好的答案。这些参数需要通过不断学习的过程被修正，最终成为最适合的值。因此，在开发人工智能时，光开发程序是不行的，还要通过学习把程序训练聪明之后才能使用。
>
> 另外，初始值为随机数意味着整个神经网络的参数都需进行优化，到输出值的精度足够高为止需要花费很多时间。因此，最近人们正在研究在初始阶段就将参数设置为尽可能接近合适的值的方法。

应用激活函数的理由各种各样，因采用不同的激活函数而异。因此，在开发人工智能时，需要在明确处理什么样的数据、最终输出什么样的值的基础上，由人决定在每层使用哪个激活函数。

例如，之后将要说明的 Sigmoid 函数无论对什么输入值都输出 0～1 的值。因此，即使输入值的位数增加也不会对结果产生太大的影响，有不容易产生误差的效果。当然，这也只是在一般情况下，实际上要看处理什么样的数据。

一般来说，激活函数用于防止对应于单元输入值的输出值过大，或者用于防止特定范围的值（主要是负值）影响输出值。话虽如此，在开发者对人工智能的经验和知识尚浅的阶段，一边理解激活函数的特性一边进行开发可能会很难。这种情况下，开发者可以参考与想要实施的分析相同的分析示例，通过模仿的方式创建模型。

例如，在图像识别中，很多例子使用 **ReLU** 函数作为激活函数，所以试着模仿它去创建模型是第一步。之后，在尝试了几个激活函数之后，开发者通过观察精度的变化来积累经验。

1. 激活函数（Step 函数、Sigmoid 函数）

Step 函数是对输入的数值 a（这里的 a 是传给激活函数的输入值 $WX+b$ 的计算结果，注意不是传给单元的输入值）返回 0 或 1 的函数。当输入值为 0 及 0 以下时，输出值为 0；当输入值大于 0 时，输出值为 1（见图 6-11）。

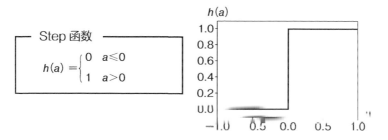

■ 图 6-11　Step 函数的表达式和图形（信息来源：日本 MediaSketch 公司）

使用 Step 函数时，无论输入值是什么值都会变成 0 或 1，然后传递到下一层。因此，即使特定的输入值是非常大的值，其影响也是有限的。

但是，直接使用 Step 函数是有问题的。在学习的过程中需要对激活函数求导，但是这个函数在 $a = 0$ 的时候，导数的结果变得无穷大。如果计算结果变得无穷大，之后的计算全部变成无穷大，所以人工智能不能正确学习。因此，为了寻求稍微缓慢变化的函数，人们设计了 Sigmoid 函数。

Sigmoid 函数是形状上看起来像希腊字母 σ（西格玛）的曲线函数。特征是输入值越往负数方向移动，输出值的数值就越接近 0，但是，无论输入值多小输出值都不会变为 0。反过来，输入值越往正数的方向移动，输出值的数值就越接近 1，但是，无论输入值多大输出值都不会变成 1。输入值为 0 时，输出值为 0.5。从图 6-12 可以看出，它的图形在整体上是输出值相对于输入值画出的一条平缓的曲线。

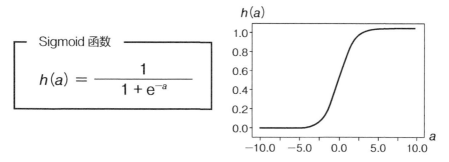

■ 图 6-12　Sigmoid 函数的表达式和图形（信息来源：日本 MediaSketch 公司）

以前 Sigmoid 函数就是一个常用的优秀的激活函数。但到了现在，人们觉得还是有些坡度的函数更好，于是 tanh 函数（双曲正切函数）和 softsign 函数等也被设计了出来（见图 6-13、图 6-14）❸❹。

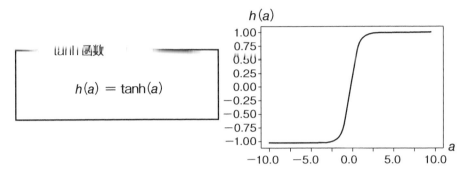

■ 图 6-13　tanh 函数的表达式和图形（信息来源：日本 MediaSketch 公司）

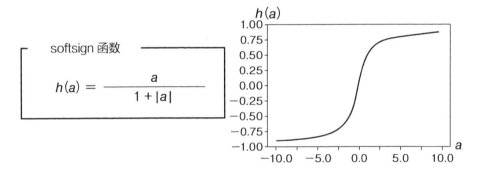

■ 图 6-14　softsign 函数的表达式和图形（信息来源：日本 MediaSketch 公司）

2. 激活函数（ReLU 函数）

前面已介绍过，Sigmoid 函数自神经网络诞生以来一直被广泛使用。但是，Sigmoid 函数有它自己的缺点。例如，想要通过图像识别技术来识别复杂图形时，需要在神经网络中增加中间层的数量。但是，由于 Sigmoid 函数中数值的大小很难影响结果，所以如果增加中间层的数量，学习效率就会下降，精度无法提高。这个问题叫作梯度消失问题（详见第 6.3 节）。

于是，Xavier Glorot 等人在 2011 年发表了 ReLU 函数❺。

ReLU 是 Rectified Linear Unit 的缩写，一般被称为斜坡函数（Ramp Function）。在统计学领域常常使用斜坡函数这个说法，而 ReLU 函数这个称呼则是在神经网络的世界中频繁使用的独特词汇。ReLU 函数在输入值为 0 及 0 以下时的输出值为 0，在输入值大于 0 时直接输出输入值（见图 6-15）。

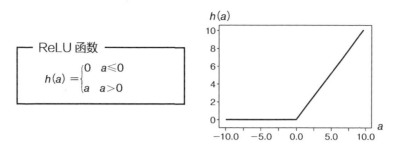

■　图 6-15　ReLU 函数的表达式和图形（信息来源：日本 MediaSketch 公司）

ReLU 函数经常被用于图像识别等模式识别领域。人们基于 ReLU 函数的思想设计了各种各样能提高学习效率的激活函数。

3. 激活函数（其他函数）

Leaky ReLU 函数是将 ReLU 函数改良后的函数。ReLU 函数在输入值为负数时输出结果为 0，导致其导数也为 0，学习可能无法取得进展。因此，Leaky ReLU 函数是将输入值为负数时的输出值改良为 αa 的函数。α 是由人来决定的超参数，一般其值是 0.01 等微小的数值（见图 6-16）。

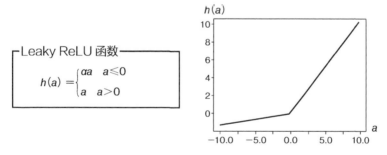

■　图 6-16　Leaky ReLU 函数的表达式和图形（信息来源：日本 MediaSketch 公司）

Softplus 函数是使 ReLU 函数将输入值 0 附近的输出值变得平滑的改良函数。和 Leaky ReLU 函数一样，输入值在 0 以下时输出值也不为 0，所以函数可以求导（见图 6-17）。

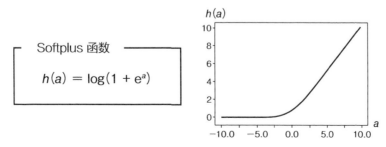

■　图 6-17　Softplus 函数的表达式和图形（信息来源：日本 MediaSketch 公司）

ELU 函数与 Softplus 函数非常相似，但在输入值为 0 时输出值不接近 0，而是接近 $-\alpha$。它是在进行图像识别等场景时，作为抗噪声强的激活函数而被设计出来的（见图 6-18）。

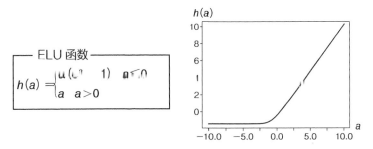

■ 图 6-18　ELU 函数的表达式和图形（信息来源：日本 MediaSketch 公司）

输出函数

计算结果从中间层开始进行前向传播，最终到达输出层。在输出层中，也同样要计算权重和偏置。但是，输出层使用的激活函数一般与中间层使用的不同。

首先，做回归分析时，为了求输出值而计算数值的大小，对计算结果基本上不做任何处理直接输出。直接输出输入值的函数有时被称为恒等函数或线性函数。

另外，做分类时，一般在输出前应用 Softmax 函数处理后输出。Softmax 函数是一个稍微有点特殊的函数，输出的是每个值占同一层值总和的比例。因此，在分类时，为表示输出值在输出层总和的相对比例，在输出层使用 Softmax 函数，得到 0 ～ 1 的输出值（属于某组的概率）。由于输出值是属于各组的概率，所以它们的总和一定为 1（见图 6-19）。

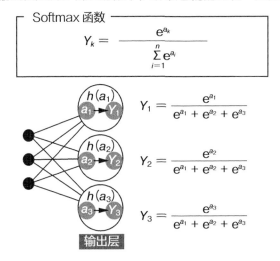

■ 图 6-19　Softmax 函数的表达式和图形（信息来源：日本 MediaSketch 公司）

下面看计算表达式，观察输出层的第 1 个单元。输出层的计算结果 a_1 在输出前传给 Softmax 函数。从图 6-19 所示的 Softmax 函数的计算表达式来看，此时的分子是 e（自然对数的底数，2.718281…）的 a_1 次方。各输出层单元的计算结果为 $a_1 \sim a_3$ 时，分母是 e 的 a_1 次方 +e 的 a_2 次方 +e 的 a_3 次方。

我们看一个具体的例子。假设输出层有 3 个单元，每个单元的计算结果为 $[a_1, a_2, a_3]$ = [1, 2, 3] 时，对每个值应用 Softmax 函数的结果为 $[Y_1, Y_2, Y_3]$ = [0.09003057, 0.24472847, 0.66524096]。此时，$Y_1+Y_2+Y_3 = 1$。

前向传播小结

我们总结一下从向神经网络的输入层输入数值到最终从输出层输出数值为止的过程。

首先，数值从输入层传播到中间层的第 1 层。中间层的各单元接收对来自连接的前一层单元的值乘权重后的值，将接收到的数值全部相加后，再与各个单元设定的偏置相加（$WX+b$）。

各单元输出时，应用设定的激活函数后输出，由人决定使用什么激活函数，如何处理数据、输出什么。就这样按照第 1 层、第 2 层等的顺序，在中间层各层之间朝着输出层的方向传播计算结果，最终到达输出层（见图 6-20）。

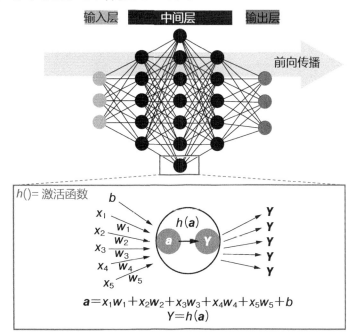

■　图 6-20　前向传播示意（信息来源：日本 MediaSketch 公司）

在输出层中计算了权重和偏置后，如果是回归，则直接输出；如果是分类，在应用 Softmax 函数后，输出表示属于某一组的概率的值。这是前向传播的流程。向人工智能输入数值时，这样计算的结果会从输出层输出。

　　然后反过来，输出值与其和正确答案的误差从输出层向输入层传播，神经网络通过反向传播进行学习。

6.2 误差反向传播算法

　　在什么都没有学习的状态下，系统只会随意输出值。因此为了能得到满足需求的合适的输出，从本节开始必须通过学习训练人工智能。这里介绍作为神经网络学习机制而被采用的误差反向传播算法。

学习的原理

　　首先，使神经网络变聪明是怎么回事呢？用监督学习的例子思考更容易理解，所以我们以第 5.4 节介绍的波士顿房价数据集为例进行思考。

　　假定我们要做的是将各种地区数据输入人工智能，预测地区的房价中位值。如果人工智能预测还什么相关数据都没学过的地区（地区 A）的房价，它会给出 10 万美元的预测结果。而学习数据显示，地区 A 的实际房价中位值为 45 万美元。

　　遗憾的是，这个时候的预测结果和实际价格（作为正确答案的学习数据）之间有 45 万 -10 万 =35 万美元的误差。实际上，误差不是简单地用减法计算，而是用损失函数来计算的。关于损失函数后面会详细介绍。

　　如上所述，在什么都没有学习的状态下，人工智能会使用随意的参数进行随意的计算，得出 10 万美元的预测结果。那么，如何改变计算中使用的参数（权重和偏置），使计算结果接近 45 万美元，与正确答案的误差变为 0 呢？我们考虑在神经网络上实现这个目标。

　　接下来我们改变神经网络的权重和偏置，使对地区 A 的预测结果和正确答案之间的误差变小。这时完成了最适合对地区 A 进行预测的计算表达式。人工智能接着对地区 B 进行预测的话，又会出现误差。于是需要再次改变参数，使误差变小。对于地区 C、地区 D、地区 E 等各个地区，为了使误差变小而不断改变参数。

　　为了减少误差，最终修改了所有 506 个地区的参数。这样第 1 次的学习（1 代）就结束了。但在这个时候，为了缩小各个地区的误差，对参数进行了各种修正，导致对于第 1 个地区即地区 A 的预测结果的误差可能变大了。因此，需要再次对同一数据进行参数修正。经过一次又一次的学习，人工智能终于可以对任何地区的数据都进行高精度的价格预测。这就是学习的过程。

　　也就是说，所谓学习，就是通过改变神经网络上许许多多的权重和偏置的值，寻找无论输入什么样的特征变量值，都能求得合适的目标变量值的巨大数学表达式的过程。

虽然改变了参数，但是如果参数变化过大，导致误差突然变为了 0，就会产生只对特定数据进行优化的人工智能。因此，基本上参数会按照既定方法一点点地改变。决定参数变更的方法有很多种，我们称这些方法为**优化算法**。

接下来开始详细说明学习过程中的各个处理。

损失函数

将人工智能计算出的结果和正确值进行比较，计算出有多少误差的函数叫作**损失函数**。经常被用作损失函数的有**均方误差**和**交叉熵**。

首先，均方误差是输出层结果与学习数据的正确答案之差的平方的平均值。

它的数学表达式如图 6-21 所示。

$$E = \frac{1}{n}\sum_{k=1}^{n}(y_k - t_k)^2$$

均方误差

y_k: 输出层的结果（第 k 个） t_k: 学习数据（第 k 个）

■ 图6-21 均方误差的数学表达式（信息来源：日本 MediaSketch 公司）

计算平方的原因是我们只想确认人工智能的预测结果和正确答案数据之间是否有距离，与数值是正是负没有关系。

我们看一个具体的例子。当输出层的结果为 y = [0.1, 0.1, 0.8]，学习数据的正确答案为 t = [0,0,1] 时，首先计算每个 y 和 t 差值的平方。为了计算平均值，求其总和然后除以数据个数（3）。设误差为 E，计算表达式如下所示。

$$E = \frac{(0.1-0)^2 + (0.1-0)^2 + (0.8-1)^2}{3}$$
$$= \frac{(0.01+0.01+0.04)}{3}$$
$$= 0.02$$

因此，误差为 0.02。

当 y = [0.8, 0.1, 0.1]、t = [0,0,1] 时的误差如下所示。

$$E = \frac{(0.8-0)^2 + (0.1-0)^2 + (0.1-1)^2}{3}$$
$$= \frac{(0.64+0.01+0.81)}{3}$$
$$= 0.48666666...$$

也就是说，比起 [0.8, 0.1, 0.1]，人工智能的输出结果为 [0.1, 0.1, 0.8] 时与正确答案 [0,0,1] 之间的误差更小。

均方误差是一个非常简单易懂的公式，但是人们现在经常使用交叉熵作为损失函数，尤其是在进行图像识别时。交叉熵的基本思想和均方误差相同，区别仅在于计算表达式不同。交叉熵的数学表达式如图 6-22 所示。

交叉熵

$$E = -\sum_{k=1}^{n} t_k \log y_k$$

y_k：输出层的结果（第 k 个） t_k：学习数据（第 k 个）

■ 图 6-22 交叉熵的数学表达式（信息来源：日本 MediaSketch 公司）

例如，在 y = [0.1, 0.1, 0.8]，t = [0,0,1] 时，对误差 E 的计算如下所示。

$$E = -(0 \times \log 0.1 + 0 \times \log 0.1 + 1 \times \log 0.8)$$

$$= -(0 + 0 + \log 0.8)$$

$$= 0.096910013$$

神经网络就是像这样使用损失函数计算有多少误差的。

使用偏导数计算影响程度

知道误差后，接着调查产生误差的原因是什么，接着进入在输入相同的情况下减小误差的学习过程。

首先要做的是寻找产生误差的原因的权重和偏置。为了达到这个目的要使用偏导数。后面对偏导数进行说明，如果有些读者实在无法理解偏导数，只要这样理解即可：通过对偏导数的计算，来找出哪个参数是产生误差的原因。

导数表示对于 y = x^2+x+1 等表达式，随着 x 的增减、y 增减多少的表达式，而偏导数表示当表达式中有多个变量变化时，各个变量的变化会对计算结果产生的影响程度。因此，在对某个变量求偏导数时，将其他变量视为常数，对该变量求导以计算该变量的影响程度。

下面结合例子说明。假设有表达式 $f(x_0, x_1)$ = $x_0^2 + 2x_0 + x_1^2$。其中有 x_0 和 x_1 两个变量。首先求该函数对 x_0 的导数。此时，将 x_1 视为常数，将 $f(x_0, x_1)$ 对 x_0 的导数称为偏导数，并将其写为 $\frac{\partial f}{\partial x_0}$。因为此时将 x_1 视为常数处理，所以 x_1^2 的导数为 0（常数无论数值多大，其导数都为 0）。整理后，得到如下所示的表达式。

$$\frac{\partial f}{\partial x_0} = \frac{\partial}{\partial x_0} \ (x_0{}^2 + 2x_0) \ + \frac{\partial}{\partial x_0} \ (x_1{}^2) \ = \ (2x_0 + 2) \ + 0 = 2x_0 + 2$$

（补充信息：$x^2 + 2x$ 对 x 的导数为 $2x + 2$）

接下来，将 x_0 作为常数，只对 x_1 求导。此时 $x_0{}^2 + 2x_0$ 是常数，所以变为对 $x_1{}^2$ 求导，得到如下所示的表达式。

$$\frac{\partial f}{\partial x_1} = \frac{\partial}{\partial x_1} \ (x_0{}^2 + 2x_0) \ + \frac{\partial}{\partial x_1} \ (x_1{}^2) \ = 0 + 2x_1 = 2x_1$$

（补充信息：x^2 对 x 的导数为 $2x$）

这种把特定的变量以外的变量看作常数来求导得到的导数就是偏导数。

偏导数的具体例子

回到神经网络的话题。神经网络在网络内使用了很多的权重和偏置进行计算，我们需要明确到底哪个参数对计算结果产生了影响，即导致了误差的产生。为此，通过求计算表达式的偏导数，可以明确各参数的影响程度。

为了便于理解，我们先看一个简单的例子。假设在神经网络内向某个单元输入 x_0 和 x_1 这两个值。此时，我们可以将 $\frac{\partial f}{\partial x_0}$ 看作是对 x_0 的计算结果的影响程度、将 $\frac{\partial f}{\partial x_1}$ 看作是对 x_1 的计算结果的影响程度。

神经网络首先求计算表达式的偏导数，再将其与误差相乘。神经网络通过这个方法从输出层向输入层计算各参数的影响程度。这样就能明确整个神经网络的权重和偏置的影响程度。这个处理叫作反向传播。这种通过反向传播，根据影响程度改变参数以减小误差来学习的方法叫作误差反向传播算法（**Back Propagation**）（见图6-23）。

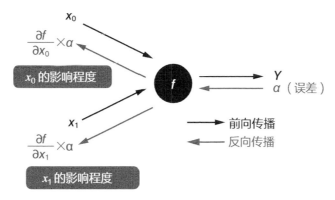

■ 图6-23 前向传播和反向传播时值的传播方式（信息来源：日本 MediaSketch 公司）

以向量形式表现的对各输入值求偏导数的结果（各输入的影响程度）叫作**梯度**。当 $\dfrac{\partial f}{\partial x_0}$ 为 −20、$\dfrac{\partial f}{\partial x_1}$ 为 −10 时，梯度写为 [−20, −10]。我们可以将梯度理解为各个参数分别变化多少误差就会减少。如图 6-24 所示是梯度的示意。

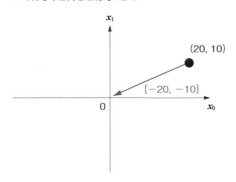

■ 图 6-24 梯度的示意（信息来源：日本 MediaSketch 公司）

在 (x_0, x_1) = (20, 10) 以原点 (0, 0) 为目标时，要说向哪个方向移动能以最短距离到达原点的话，就是 [−20, −10] 的方向。朝这个方向改变 x_0 和 x_1 的话，就能以最短距离到达原点。

指示误差最快减少的方向的向量就是梯度。

下面来看一个实际的误差反向传播的例子。由于单元内的计算表达式有激活函数等，相对复杂，为了便于理解偏导数的反向传播过程，我们先用简单的计算表达式来探讨。

假设单元的计算表达式为 $f(x_0, x_1) = x_0 \times x_1$（两个输入的乘法）。

在对 x_0 求偏导数时，将 x_1 视为常数处理。$2x$ 对 x 的导数是 2，ax 对 x 的导数是 a，所以 $x_0 \times x_1$ 对 x_0 的导数是 x_1。同理，$x_0 \times x_1$ 对 x_1 的导数为 x_0（因为此时 x_0 被视为常数）。因此，$\dfrac{\partial f}{\partial x_0} = x_1$，$\dfrac{\partial f}{\partial x_1} = x_0$（见图 6-25）。

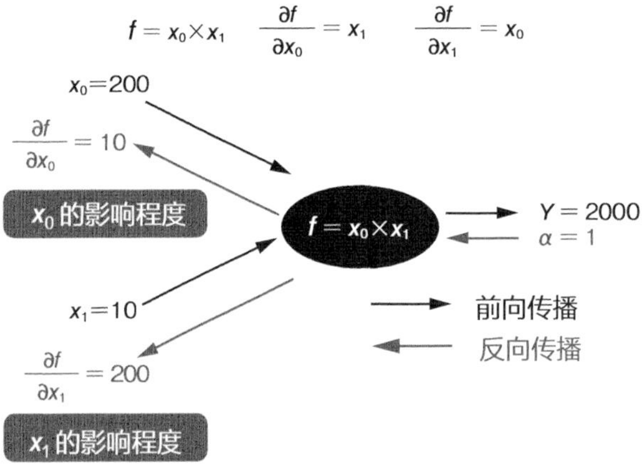

$$f = x_0 \times x_1 \qquad \frac{\partial f}{\partial x_0} = x_1 \qquad \frac{\partial f}{\partial x_1} = x_0$$

$$x_0 = 200$$

$$\frac{\partial f}{\partial x_0} = 10$$

x_0 的影响程度

$$f = x_0 \times x_1$$

$$Y = 2000$$
$$\alpha = 1$$

$$x_1 = 10$$

$$\frac{\partial f}{\partial x_1} = 200$$

x_1 的影响程度

→ 前向传播
← 反向传播

■ 图 6-25 $f(x_0, x_1) = x_0 \times x_1$ 的反向传播示例（信息来源：日本 MediaSketch 公司）

也就是说，此时输入值 x_0 的影响程度为 x_1，输入值 x_1 的影响程度为 x_0。当 $x_0 = 200$，$x_1 = 10$ 时，输出值的计算结果为 $200 \times 10 = 2000$。

为了便于理解，假设此时的误差 α 为 1，将其反向传播，则有 $\frac{\partial f}{\partial x_0} = 10$，$\frac{\partial f}{\partial x_1} = 200$。可以看出 x_1 比 x_0 对 Y 的影响更大。

我们用实际的值具体地看一下：当 x_0 加 1 变为 201 时，Y 的值变为 2010，而当 x_1 加 1 变为 11 时，Y 的值变为 2100。可见 x_1 的变化的确比 x_0 的变化对 Y 的影响更大。

接下来，让我们来看看单元的计算公式为 $f(x_0, x_1) = x_0 + x_1$ 时的情形。$\frac{\partial f}{\partial x_0} = 1$、$\frac{\partial f}{\partial x_1} = 1$，两者具有相同的影响力（见图 6-26）。

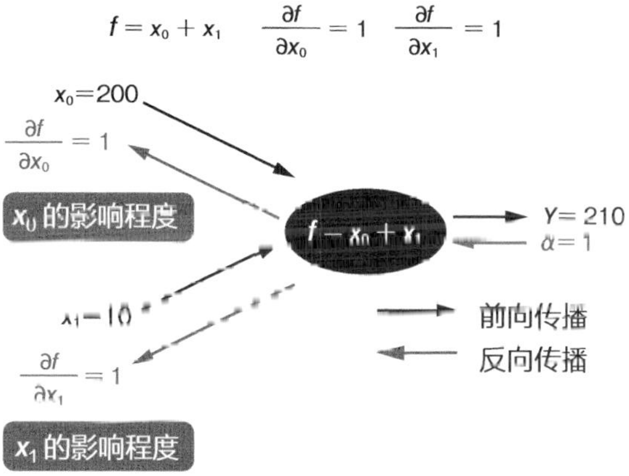

$$f = x_0 + x_1 \qquad \frac{\partial f}{\partial x_0} = 1 \qquad \frac{\partial f}{\partial x_1} = 1$$

■ 图 6-26　$f(x_0, x_1) = x_0 + x_1$ 的反向传播示例（信息来源：日本 MediaSketch 公司）

不管是 x_0 加 1 还是 x_1 加 1，Y 都将变成 211，结果是一样的。至此，我们以 $f(x_0, x_1) = x_0 \times x_1$ 和 $f(x_0, x_1) = x_0 + x_1$ 这两个简单的计算表达式为例，对反向传播进行了讲解。但是，实际单元的计算更为复杂。比如，假设激活函数是如下所示的 Sigmoid 函数，就要求它的偏微分了。详细的计算内容请参阅参考文献 ❻ 等资料。

$$f = \frac{1}{1 + e^{-(x_0 \times w_0 + x_1 \times w_1 + \cdots + x_n \times w_n + b)}}$$

（x_k 是第 k 个输入，w_k 是 x_k 的权重，b 是偏置）

神经网络就是这样在计算影响力的基础上，适当地变更多个参数，使误差变小。

那么，如何适当地变更呢？这就要用到优化算法。优化算法是决定哪个参数要改变多少的具体方法。

优化算法（SGD）

前面讲过，在求出梯度修正参数的时候，不要试图通过一次修正就消除误差，而是要采取慢慢地多次修正来消除误差的方式。

具体来说,决定哪个参数修改多少的算法叫作**优化算法(Optimizer)**。常用的优化算法有随机梯度下降法(SGD)、AdaGrad、RMSProp、AdaDelta、Adam。

下面首先介绍基本的 SGD 的概要内容。SGD 通过以下计算来更新权重。

新的权重 = 当前的权重 - 学习系数 × 梯度

梯度是使用前面介绍的反向传播计算出来的。梯度是移动的方向,而学习系数则是决定每次移动多少的超参数。学习系数是由人在程序中指定的,但是基本上需要指定为较小的值,使得权重一点点地改变。让我们一边看图 6-27 一边说明原因。

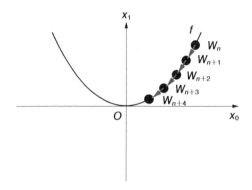

■ 图 6-27 $f(x_0, x_1) = x_0 + x_1$ 的反向传播示例(信息来源:日本 MediaSketch 公司)

例如,有输入 x_0 和 x_1,因输入导致的误差会像函数 f 那样变化。当现在的点为 W_n 时,误差为原点和 W_n 的距离。要缩短 W_n 与原点之间的距离,必须向原点的方向(梯度)移动一定量(学习系数)。学习时的点从 W_n 到 W_{n+1}、W_{n+2}、W_{n+3} 等的方向移动。在学习系数小的情况下更新权重,会一点点地改变 x_0 和 x_1,所以每次学习都可以切切实实地接近原点,误差也会变小。

说得极端一点,如果学习系数非常大,误差越过原点反而离原点越来越远的可能性也变高了。也就是说,此时陷入了一种无论学习多少次都不会将误差缩小到一定程度以内的状况(见图 6-28)。

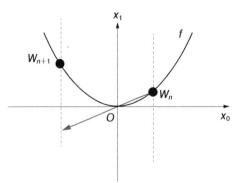

■ 图 6-28 学习系数非常大的情况下的优化移动(信息来源:日本 MediaSketch 公司)

如果学习系数过大，误差就不会从一定的值开始变小。反过来，如果学习系数过小，则误差的变化非常小，所需的学习次数也会增加。所以需要由人指定大小正好的学习系数是 SGD 的难点。

顺便说一下，在深度学习库 Keras（第 7.5 节将会详细介绍 Keras）中，SGD 的学习系数的默认值为 0.1。

SGD 是历史悠久的基本算法之一，被用在了很多事例中。但是在现如今不能说它是效率最好的优化算法。人们设计出了更高效的算法。因为这些算法的原理都是非常难的数学内容，所以这里只介绍各算法的特点。对这些算法的详细内容感兴趣的读者请参阅相关参考文献等。

其他优化算法

本书只简单地介绍除 SGD 之外的优化算法的概要内容。AdaGrad 是在 2011 年由美国斯坦福大学统计电气工程专业的副教授 John Duchi、Elad Hazan、Yoram Singer 提出的方法[7]。

如上所述，不管是将 SGD 的学习系数设置得过大还是设置得过小都有问题。于是，**AdaGrad** 算法被设计出来了。使用 AdaGrad 方法，每次学习时的学习系数都会变小。这样一来，即使一开始的学习系数较大，最终参数被修正过头的可能性也会变低。

AdaGrad 优化算法还可以指定学习衰减率。这个参数使得每次学习时的学习系数都会变小。只是这个方法还有问题：在学习了无数次、误差依然减少得不明显时，学习系数有可能变为 0。如果学习系数为 0，算法会陷入无论学习多少次误差都不会减少的状态。

于是，**RMSProp** 算法被设计出来了[8]。RMSProp 是利用 2012 年 Geoffrey Hinton 设计的优化算法对 AdaGrad 的改良。AdaGrad 的学习系数变为 0 的原因是在将过去的梯度全部记住的情况下减少学习系数。因此，RMSProp 优化算法的做法是不要全部记住过去的梯度，经过一定次数的学习后从存储中删除过去的梯度，防止学习系数极端变小。

2012 年 Matthew D.Zeiler 提出了一种改良了 RMSProp 的优化算法 **AdaDelta**[9]。2014 年 Diederik Kingma、Jimmy Ba 又进一步提出了一种改良了 AdaDelta 的算法 **Adam**[10]。这些算法的细节就不赘述了，不管对于哪种算法，研究者每天想的都是如何让它们高效、切实地减少误差，每天都在对它们加以改良。

今后也会不断出现改进的优化算法，但不一定所有的最新算法都很好。

Adam 是非常受欢迎的优化算法，但是根据进行的分析和数据的性质不同，也有比 Adam 更能高效学习的其他算法。总而言之，开发者有必要试着评估几种优化算法。请读者阅读相关参考文献了解每种算法的计算表达式和特点等详细内容。

小批量学习

神经网络通常是对每一个数据进行前向传播后，将误差反向传播，进行参数更新（全量学习）的。因此，如果数据集中存在1000万个学习数据的话，一次学习将进行1000万次的前向传播和1000万次的反向传播，实施1000万次的参数更新。但这会导致一次学习可能会花太多时间。

于是，人们想出了**小批量**（Mini-batch）**学习**的学习方法。小批量学习是指将多个数据集中起来学习的做法，可以缩短学习所需的时间。比如，可以把1000万个数据分成每组100个数据的多个数据组进行小批量学习。每个组的数据是从所有数据中随机选择的100个数据，每个组要选择与其他组不重复的数据，所以共计会创建10万个组。

小批量学习的前向传播是对每一个数据进行的，但反向传播是对每一组进行的。因此，小批量学习将100个数据的误差汇总后进行反向传播，从而进行参数更新（见图6-29）。

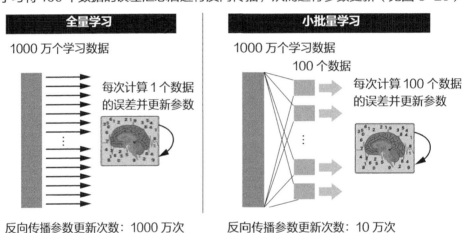

■ 图6-29 全量学习和小批量学习的比较（信息来源：日本MediaSketch公司）

小批量学习就像这样将多个数据导致的误差汇总后进行反向传播，它是以在短时间内高效学习为目标的算法。但与学习各个数据的全量学习相比，一般情况下，小批量学习相同次数的精度会较低。如果数据比较少，再加上每个数据都有各种各样的个性特征，小批量学习的精度可能会较低，但是如果数据量达到一定程度后就不会成为大问题。因此，在学习大规模数据的时候，一般先试试小批量学习。根据它了解学习时间和精度的变化，最终决定小批量的数据个数。

反向传播和学习的小结

最后，我们总结一下已经讲过的反向传播和学习的步骤。

（1）首先计算神经网络前向传播计算的结果与正确值之间的误差。计算误差的方法是利用几种损失函数，包括均方误差和交叉熵。

（2）将误差从输出层反向传播到输入层。反向传播的目的是调查哪个参数导致误差出现的可能性高。表示各参数对误差有多大影响的向量（数字集合）叫作梯度。为了求出梯度，对各单元的计算表达式求偏导数，然后用计算出的表达式进行反向传播。

（3）计算出梯度后，决定参数的更新量。决定更新量的方法是利用几种优化算法。著名的优化算法有 SGD、AdaGrad、RMSProp、AdaDelta 和 Adam。

在（1）～（3）的处理中，一次学习过程只学习关于一个数据的知识。在时间和成本充裕的情况下，再逐个学习全部的数据（见图 6-30）。

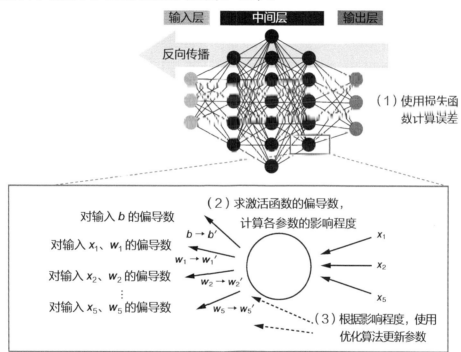

■　图 6-30　学习过程中从误差计算到参数更新的处理（信息来源：日本 MediaSketch 公司）

不过如果像这样进行全量学习会花费大量的时间，所以在实践中会实施小批量学习，把多个数据相关的误差集中在一起进行反向传播，减少学习次数。

通过以上这些步骤，每次学习都会更新神经网络内的权重等参数。这样，通过反复地学习，最终无论输入什么样的输入值，模型都可以给出接近最佳解（误差小）的输出值。但是，如果对特定的数据或有偏颇的数据学习过多，可能会得到只对特定的特征做出反应的模型，陷入对未知数据的预测精度极差的过拟合状态，这一点需要注意。

6.3 深度学习

前文已经讲过，深度学习这个词没有明确的定义。一般来说，使用具有许多中间层（层深）的神经网络进行学习的方法被称为**深度学习**。

深度学习并不是指特定的算法，而是指在深层神经网络中也能高效学习的所有方法。

接下来，本节将依次说明为了实现深度学习而使用的常用方法。

特征提取

在介绍深度学习的具体内容之前，我们先理解为什么需要深度学习。如果不能理解这一点，就很难理解深度学习的内容。

比如让人工智能分析图像，让它判断图像中的动物是猫还是狗。人类可以通过看图来判断是猫还是狗，这是因为人的头脑中有判断是猫还是狗的特征。人工智能的图像识别技术通过学习也能发现猫和狗的所有图像都具有的共同特征，这个过程叫作**特征提取**。为了便于理解，这里以图像识别为例进行说明，对传感器的温度等的分析也是一样的。在分析在什么样温度和湿度的环境中酿出的酒才好喝的时候，人工智能也会提取出影响口感的环境特征。也就是说，人工智能是提取特征的分析器。

深度学习的优点

人类并没有意识到，与全部是数字和文本的数据相比，图像数据的信息量是非常之大的。想想看图 6-31 所示图像中隐藏了多少信息呢？

图像里有猫、猫可能在车站、猫坐着、站台上有盲道、猫可能在柏油路上、猫的耳朵竖着……。从一个图像中能获取的信息太多了，列举起来没完没了。为了捕捉各种各样的特征，图像识别将所有像素信息作为输入值。

而在分析气温和湿度的数据时，由于只有两个数据，所以神经网络的输入层的数量是两个。

与之相比，如果是全色（RGB）64 像素 × 64 像素的图像，输入层的数量有 12 288（3×64×64）个。

神经网络的层越深，就越能使用更多的激活

■ 图 6-31 图像的例子（信息来源：日本 MediaSketch 公司）

函数从各种角度进行分析。最终得到接近输出层的、复杂的计算表达式，从而更容易发现猫的各种特征。

　　人工智能从图像数据这种包含庞大信息的数据中，以猫这种复杂的动物为对象，提取世界上各种各样的猫的共同特征。但在 3 层左右的简单的神经网络中，无论调整多少次参数，也只能构建简单的表达式，是做不到这么复杂的识别的。因此，从图像这样的包含巨大信息量的数据中提取复杂的特征时，需要加深中间层。不仅是图像识别，从庞大的数据中提取复杂特征的分析都需要深层模型。

人工智能的视角

　　那么，在判别是猫还是狗的时候，世界上存在的各种各样的猫的共同特征是什么呢？猫和狗都有两只眼睛、两只耳朵。人在判断该动物是狗还是猫的时候，估计会看脸的形状、大小、毛的颜色等，但是判断规则并不是很明确。人了会根据"眼睛宽度在 2.5cm 以下的动物是猫"之类明确过准水判断，而是根据动物整体的感觉来判断的。其实这就是人脑和最近的人工智能共同具有的泛化能力。

　　以前不使用人工智能的软件在程序内定义的就是"眼睛宽度在 2.5cm 以下的动物是猫"这种明确的基准。如果输入了不符合这个基准的未知的猫的图像，软件可能会根据这个基准来判断图像中的动物是狗。我们不能说这种软件有泛化能力。

　　那么，人工智能所提取的特征是什么呢？不实际地让人工智能进行分析我们是无法知道的。

　　人很容易根据动物眼睛和鼻子的位置来分辨猫和狗，但是人工智能没有前提条件和想象力，它只会从给予的数据中找出共同点而已。因此，人工智能有可能发现人没有想到的新特征。人工智能发现到的特征可能是耳朵的形状，也可能是毛的颜色。此外，人工智能很少会仅将特定条件作为判断基准，所以它会发现很多特征，并最终根据对不同数据的打分进行判断。

　　因此，要理解人工智能用什么特征来判断猫是非常困难的。但是我们可以将人工智能所持有的模糊的猫的图像视觉化，第 6.4 节将会详细说明。另外，请记住，判断基准将随着学习过程的重复而不断得到更新，并发生变化。

深层导致的各种问题

　　其实如果将之前说明的简单神经网络构建为具有 10 层的深层神经网络模型，它将无法正确学习。原因有两个：过拟合、深层的梯度消失问题。

1. 过拟合

　　如果学习中使用的权重和偏置的数量过多，将传播的值放大（激活）的单元会偏向整体的部分数据。因此，网络只对具有特定细微特征的数据过度敏感。这将使网络陷入无法正确判断整体特征的状态，对未知数据的预测精度会变低。这种状态叫作过拟合。第 7.2 节会详细说明过拟合。

2. 深层的梯度消失问题

梯度消失问题也是人们深层化简单神经网络的一大原因。第 6.2 节说明了在学习过程中使用反向传播计算梯度，根据其结果决定参数的更新量。如果神经网络的层数变多，那么从输出层向输入层反向传播，用于计算梯度的每次偏导数的结果会导致属于同一层的所有参数的梯度变得相等。这会出现无论学习多少次，接近输入层的层的参数都不会发生变化的问题（见图 6-32）。

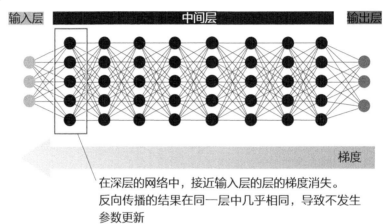

图 6-32 梯度消失问题（信息来源：日本 MediaSketch 公司）

由于这些问题的存在，简单神经网络虽可以用于简单的分析，但却不能用于图像识别等复杂的分析。因此在 1990 年之前，人们一般采用 SVM 作为图像识别的学习算法。在一段时间内，在 ILSVRC 等图像识别技术的全球性学术竞赛中名列前茅的人工智能，都是使用 SVM 算法的人工智能。

但在进入 20 世纪 90 年代后，针对上述问题，Geoffrey Hinton 等人提出了各种解决方法。采用谷歌公司等企业开发的使用改良了的神经网络的人工智能，得到了远超使用 SVM 的人工智能的高分。这些神经网络的成功发展促使出现了人工智能发展浪潮。因这种深度学习的出现而带来的人工智能浪潮被称为第三次人工智能浪潮。

实现深度学习的方法

如上所述，如果把神经网络模型变为深层的，计算参数过多会导致过拟合或梯度消失问题出现。为了防止这些问题发生，除了要减少计算中使用的参数数量，还要注意不要降低预测精度。为了实现这一目标，人们在神经网络上设计了各种各样的方法，并发表了许多论文。其中，为实现深度学习做出贡献的方法有 Dropout、自动编码器等。这些方法都是通过少量参数的计算来发现复杂特征的方法。下面依次介绍这些方法。

Dropout

防止过拟合的一种方法是 Dropout。它是 Geoffrey Hinton 等人为深度学习而设计的[11]。Dropout 是非常简单的方法，很容易理解。之前介绍的神经网络的各单元与上一层的所有单元连接，接收上一层的所有输出并将其与相应的权重相乘。Dropout 是为了减少输入的参数，以指定比例设计部分单元输出的方法。

例如，如果将 Dropout 率指定为 0.5，则有占整体一半数量的单元不输出值（不激活）。不激活哪个单元通常是在每次学习过程中随机决定的（见图 6-33）。

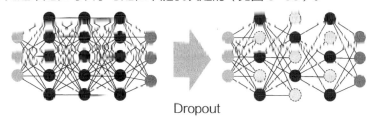

Dropout

■　图 6-33　Dropout 带来的模型的变化（信息来源：日本 MediaSketch 公司）

各单元在学习时会记住不激活的概率是多少，在学习结束后进行预测时，会将学习时不激活的概率乘参数以抑制影响。通过 Dropout，能够在一定程度上防止特定的单元出现过度敏感的过拟合。

但如果 Dropout 率太高，各单元的信息则不能充分传播，神经网络也不能对关键的特征予以反应。因此，需要适当地指定 Dropout 率并加以调整。许多网络把将 Dropout 率指定为 0.2 ～ 0.5，可以将这个范围作为大致的标准。

自动编码器

与 Dropout 一样，Geoffrey Hinton 等人还为深度学习设计了自动编码器[12]。

现在已经有了各种为深度学习而设计的新方法，在深度学习中自动编码器的使用不是必须的。但是，自动编码器是为深度学习浪潮的出现做出非常重要贡献的方法。因此，本小节将介绍自动编码器的概要内容。

首先，自动编码器的目标是通过降维来减少信息量。换言之，就是事先准备捕捉图像特征的权重参数。它的思路非常难以理解，下面结合例子进行说明。

例如，在神经网络中进行图像识别时，首先要准备一个小模型，它拥有单元数量相同的输入层和输出层、一个单元数量比它们少的中间层。这个与实际用于图像识别的模型不同，是事先准备的模型。使用这种模型进行的学习，是进行实际分析前的学习，叫作预训练（见图6-34）。

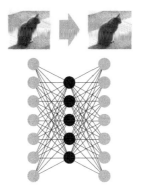

■ 图6-34 自动编码器的预训练模型（信息来源：日本 MediaSketch 公司）

使用者可以将这个小模型的输入值的正确答案设置为与输入值相同的数据。换言之，要创建的是输出与输入大致相同的模型。使用这个模型对所有数据进行反复学习，于是我们得到了无论对什么输入都能获得基本相同输出的模型。此时，我们可以认为中间层的单元具有在一定程度上捕捉输入数据特征的权重参数。例如，在输入是图像时，网络具有输出捕捉到除去了细小噪声和光的反射等的整体特征的图像的参数。这里将形成的中间层设为 h_1。

然后，将中间层 h_1 作为输入层，制作具有一个单元数更少的中间层的模型。然后同样地为了这个模型能得到同样的结果而进行预训练。当输入和输出几乎相同时，将中间层设为 h_2。重复这个操作，最终将预训练得到的中间层 h_1、h_2 的参数依次用于图像识别的模型的第1层和第2层（见图6-35）。

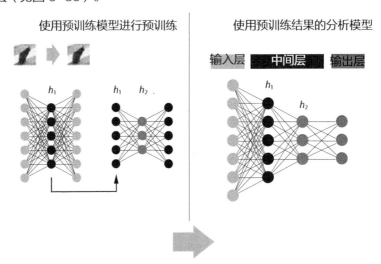

■ 图6-35 自动编码器的预训练及使用了其结果的分析模型（信息来源：日本 MediaSketch 公司）

按照这样的步骤进行学习，可以减少分析中使用的模型单元。同时，权重参数会事先在一定程度上捕捉到图像的特征。通过这些方法防止过拟合和解决梯度消失问题，是自动编码器的特点。

现在的图像识别领域有使用后面即将介绍的卷积神经网络的趋势。卷积神经网络也是和自动编码器一样的即便使用较少的参数也能高效地捕捉到全体的特征和微小特征的方法。在这个意义上，自动编码器是奠定了深度学习基础的方法。它的出现提高了实现深度学习的可能性。

6.4 卷积神经网络

为了实现深度学习，人们每天都会思索各种各样的方法，而现在较重要的方法是卷积神经网络。尤其是在文字识别等图像识别领域，卷积神经网络被频繁使用。

本节介绍卷积神经网络的结构。它的结构非常复杂，在理解现在的人工智能知识的基础上，对卷积神经网络的结构有概念性的理解是非常必要的。

图像识别和抽象化

正如之前说明的那样，自动驾驶等使用的人工智能可以从摄像头拍摄的图像中瞬间判断人、汽车、标识等在哪里。我们需要尽可能使用大而详细的图像，如果能识别出里面的各种物体就会很有用。但是，由于信息太多，那些对一个个像素详细分析图像的方法无法顺利进行。因此，人们设计了基于**抽象化**思想的卷积神经网络。

抽象化指的是不要具体地看图像的一个个像素，而是稍微笼统一些，看整体的颜色和形状。比如图 6-36 所示的两个雪人的图像，大家能看出有什么不同吗？

（1） （2）

■ 图 6-36 外观上的区别和数据上的区别（信息来源：日本 MediaSketch 公司）

想必从外观上看几乎看不出区别，实际上（2）与（1）相比显示出来的部分向右偏移了几个像素。此外，右边的图像中含有非常小的噪声。虽然人眼看起来是相同的，但是从数据上看，（1）和（2）是完全不同的。

要说人工智能追求什么视角，那应该是追求和人类拥有相同的视角吧！微小的偏移和有无小噪声不是本质上的区别。因此，（1）和（2）是显示了同样内容的图像，我们希望人工智能可以将其判断为相同的图像。

为此，对这两个图像中的物体进行比较时，如果人工智能能够确认其颜色大致相同，形状大致相同，存在大致相同的脸部组成，则可以判断（1）和（2）图像相同。这种不是对一个个像素做判断，而是捕捉图像整体的抽象特征进行比较的方法就是卷积神经网络。

卷积神经网络的实例（AlexNet）

卷积神经网络是一种结构非常复杂的机器学习模型。为了便于理解，这里先介绍一个代表性的卷积神经网络 **AlexNet**。

AlexNet 是由 Alex Krizhevsky、Geoffrey Hinton、Ilya Sutskever 等人设计的卷积神经网络。它是在 2012 年 ILSVRC 竞赛上获得优胜的卷积神经网络的"先驱"，可以说它激起了现在的深度学习浪潮。关于 AlexNet 的详细信息，请读者阅读相关论文[13]。

AlexNet 设计的目标是检测出存在于一幅图像中的 1000 多种物体。

AlexNet 的构成如图 6-37 所示。

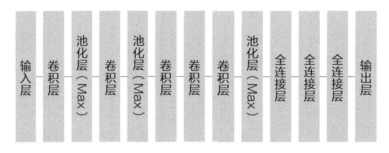

■ 图 6-37 AlexNet 的构成（信息来源：日本 MediaSketch 公司）

卷积神经网络将卷积层和池化层（最大池化）组合起来处理图像数据。输入层的数据是图像。

ILSVRC 竞赛的数据是 227 像素 ×227 像素的图像，但是由于图像是全色的，所以实际要处理的是 227×227×3 的 3 维数据。也就是说相当于同时处理 3 幅图像（之后依次说明详细的处理内容）。最后几层是全连接层。

这里所做的是将 3 维数据（3 种颜色的数据）汇总到 1 维的平坦化处理（详细内容在之后的"平坦化的实施"中说明）。

AlexNet 是在 2012 年图像识别领域取得最高分数的模型，但这并不能说明按照这个顺序排列的模型就一定是最合适的。不过像 AlexNet 一样的卷积神经网络有很多，AlexNet 现在也成了基础的范例。

请先记住在卷积神经网络中，多个卷积层和池化层相连，它们依次进行处理。

卷积神经网络概要

下面来看看卷积神经网络的结构。卷积神经网络也可以应用在图像识别以外的领域，不过，简单起见，本节还是以通过图像识别技术判别图像中的动物是猫还是狗为前提进行说明。

首先，它的整体结构与通常的神经网络基本相同。因为图像识别的分析内容是"分类"，所以在输入层输入图像数据后，在中间层进行计算，在输出层输出属于各组的概率。但是，卷积神经网络的中间层包括卷积层、池化层、全连接层等多种不同的层。这些层可以存在多个，这一点也和之前说明的神经网络相同。如何配置卷积层、池化层、全连接层等是由人设计的，并没有固定的顺序。下面依次了解每个层会进行什么样的处理。

卷积层的目标

卷积层通过对图像应用过滤器（Filter），可以更容易地提取特征。比如要从图像中识别猫，因为品种不同的猫有各种各样的颜色，所以仅通过颜色的分析是无法从图像中识别猫的。我们需要识别图像中物体的形状。

如果要识别形状，有一种将图像应用过滤器后使轮廓更加清晰的图像分析方法。在图 6-38 中，与图像（1）相比，应用过滤器后的图像（2）的轮廓更加清晰，所以形状更容易识别。

（1）　　　　　　　　　　　（2）

■　图 6-38　使猫的图像中的轮廓更加清晰的过滤器的例子（信息来源：日本 MediaSketch 公司）

那么，利用人工智能识别猫的时候，要应用什么样的过滤器才能更容易识别呢？尝试各种各样的过滤器，发现最容易识别猫的过滤器就是卷积层所做的学习。

卷积层中的过滤器和权重计算

在刚才那幅猫图像中应用的是一个对人来说很容易理解的过滤器。实际的卷积神经网络会应用稍有不同的过滤器，最终找到了较容易识别猫的过滤器。下面看具体的例子。

图 6-39 是笔者在分类 Cifar-10（该数据集的详细信息请参阅第 5 章）的图像时实际使用的卷积层过滤器的可视化结果。

■ 图 6-39 卷积层过滤器的可视化结果（信息来源：日本 MediaSketch 公司）

乍一看，我们并不知道它从图像中提取了什么样的特征。这还只是在人工智能学习的早期阶段为了从图像中提取出某些特征的卷积层过滤器。

下面对具体的计算方法进行说明。在这个例子中，我们创建了 64 个由 3×3、共 9 个参数构成的过滤器。这里的过滤器的大小的专业术语叫作核大小（Kernel Size），过滤器数量是人在程序中指定的超参数。

构成一个过滤器的 9 个参数是权重。构成过滤器的各参数与通常的神经网络同样地通过学习得到修正，成为优化后的参数。

具体来说，对图像数据应用过滤器就是对数据矩阵和过滤器矩阵应用矩阵计算。在本示例中，输入图像的 3×3 区域和过滤器的 3×3 权重之间的内积的计算结果是一个数值参数。这个计算处理叫作卷积。

例如，某个过滤器能找出像猫耳朵一样的三角形的特征。使用这个过滤器的卷积是相对于整体的输入图像一边滑动一边进行的，所以不管猫耳朵在图像的任何地方，过滤器都能发现它（见图 6-40）。

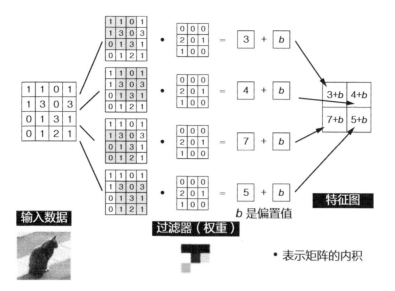

■ 图 6-40 使用过滤器的卷积处理（信息来源：日本 MediaSketch 公司）

64 个过滤器就意味着从图像中发现 64 种特征。卷积神经网络学习的目标就是找出发现 64 种不同特征的过滤器的组合，以高精度地判断图像中的动物是狗还是猫。

输入图像由各过滤器进行卷积后，将转换成表示是否存在某个特征的图数据。卷积后输出的这个图数据被称为特征图（Feature Map）。另外，与通常的神经网络相同，计算结果将与偏置相加。不断尝试改变这 9 个权重和 1 个偏置的部分也与基本的神经网络相同。卷积神经网络与基本神经网络不同的地方在于它不用简单的乘法乘权重，而是使用权重与图像数据的矩阵进行计算。

图 6-40 所示的例子对数据应用 3×3 的过滤器，每次滑动一个位置，同时取出 3×3 的数据进行计算。滑动的幅度可以设置为 1 以外的值。这个滑动幅度叫作步长 (Stride)。

对过滤器反应的特征的可视化

我们已经了解了卷积层是如何计算的。但从结果来看，卷积层到底提取到了什么样的特征呢？即便看了过滤器（权重）依然不太清楚。因此，笔者想用稍微不同的方法看看卷积层。

有一种在卷积层反向计算到底对于什么样的图像各个过滤器才会提取特征的可视化方法。图 6-41 是在之前作为例子介绍的 Cifar-10 分析中，对卷积神经网络的每个过滤器予以最大限度反应的图像可视化的结果。

也就是说，这个过滤器对于存在如图 6-41 所示的斜条纹图案的图像会产生强烈的反应。图中出现了斜波形的条纹图案，过滤器寻找具有这些特征的部分在图像的何处。卷积神经网络模型通常会配置多个卷积层。

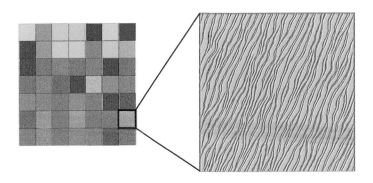

■ 图6-41 对卷积神经网络的每个过滤器予以最大限度反应的图像可视化的结果

越是位于深层的过滤器越会对复杂的图形做出反应。关于这一点，我们将在后文加以说明。

在卷积层实施填充

卷积层在内部计算矩阵的内积。内积的计算结果比计算前的值的个数少，这是矩阵计算的特性。如果对图像进行卷积操作，应用过滤器后的图像尺寸会变小。

这样下去，图像尺寸在通过卷积层后就会小很多，可能没学习几次就小到看不到重要的特征了。为了防止这种情况发生，有时需要在进行卷积之前进行填充使输入的图像数据的尺寸变大。

填充（Padding）指的是在图像周围用特定的数值填充、使图像尺寸变大的处理（见图6-42）。

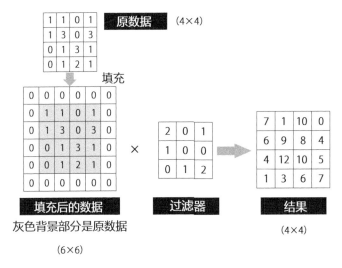

■ 图6-42 零填充示例（信息来源：日本 MediaSketch 公司）

用于填充图像的数值没有统一标准，但是一般情况下大家多采用 0 填充图像，即零填充（Zero Padding）。另外，有些人工智能库提供了使用 0 以外的数值填充的功能。

卷积层的激活

卷积层在进行卷积处理后，为了排除负值等数值，会使用激活函数进行过滤，目的是在参数传递到下一层之前对全部数值进行处理。在图像识别等场景中常用的激活函数是 ReLU 函数等函数。

我们已经了解了卷积的处理，卷积层一般按照填充、卷积、激活的顺序进行处理。

早期的卷积由于参数的数量没有减少，所以不进行填充，只进行卷积和激活。狭义上说，卷积层只包含卷积处理的部分。但是，广义上说，由于填充和激活也多与卷积一起处理，所以一般将包含这 3 个处理的层称为卷积层（见图 6-43）。

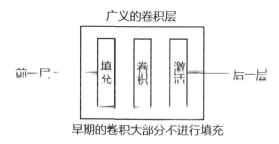

■ 图 6-43 卷积层的处理（信息来源：日本 MediaSketch 公司）

深度学习库 Keras 中增加了向模型添加卷积层的 keras.layers.Conv2D 函数，只用此函数就可以同时指定填充和激活函数。

池化层的处理

池化层（Pooling）用于压缩信息量。在识别图像中的物体时，比起着眼于一个个像素级别的"哪里有什么颜色"这种小的特征，在整体上能看到什么形状的物体这种抽象视角更重要。

比如在识别图像中是否有人时，我们要做图像中是否存在人的眼睛的分析。此时，重要的是图像中是否存在被认为是眼睛的"圆"，而不需要在意因人而异的微小的眼睛大小差异。因此，池化层通过汇总多个像素数据的方式压缩信息量，丢弃详细信息，只留下特征。由于没有了多余的信息，所以处理也变得更高效。

池化层一般放在卷积之后，但这并不是说一定要在卷积层之后放置池化层。另外，随着计算机处理能力的提高，不使用池化层的模型也有很多。也有人认为池化会导致预测精度降低，所以是否应设置池化层不能一概而论。

池化的方法有最大池化（Max Pooling）和平均池化（Mean Pooling）。最大池化是选择某个区域的最大值作为代表值予以保留的处理。图6-44是进行最大池化处理的示例。

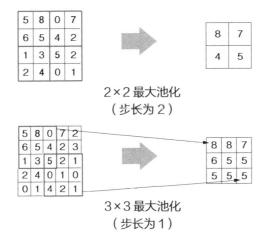

■ 图6-44 进行最大池化处理的示例（信息来源：日本 MediaSketch 公司）

进行池化时，首先要确定池化区域的大小，即确定池化窗口大小（Pool Size）。图6-44的例子指定的池化窗口大小是2×2。池化层将抽出各个窗口的最大值作为代表值。设置步长来决定每次将池化窗口滑动多少数据。这个示例的步长是2，所以每次滑动2个数据来划分窗口。

平均池化是以窗口中数据的平均值为代表值的方法（见图6-45）。

■ 图6-45 平均池化处理的示例（信息来源：日本 MediaSketch 公司）

要说最大池化和平均池化哪个好，这需要看数据，不能一概而论。两者都可以压缩信息量（数据的数量减少），在压缩信息的同时，还能防止由于微小的差异而导致的识别错误。在此基础上，最大池化将捕捉到的特征鲜明化，然后将其传播到后一层，平均池化传播给后一层的是平滑的特征。

最近的图像识别多采用最大池化，这是因为人们希望用最大池化减少噪声。但是，噪声的种类有很多，对于白点这种噪声，笔者认为最大池化未必有效。

平坦化的实施

图像数据大多是由长、宽和颜色这3个维度构成的。比如有宽 × 长 = 12 像素 ×30 像素的红色强度为 128 的图像数据。因此，如果要输入全色图像，输入值将作为 3 维数据输入。但是，在神经网络中进行分类分析时，我们想要输出的值是属于各个组的概率的 1 维集合（见图 6-46）。

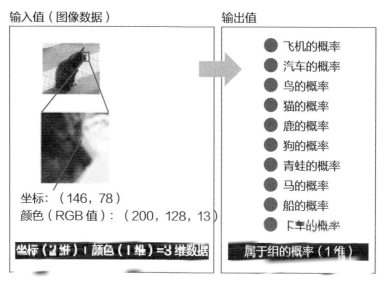

■ 图 6-46 图像识别时输入值和输出值的维数（信息来源：日本 MediaSketch 公司）

这样两边的维数就不一致了。因此，为了使大于 1 的 *N* 维数据与神经网络中的 1 维输出值一致，对数据所做的变化叫作平坦化（Flatten）。

实际做的事情并不难。对于图像数据的情况，平坦化仅将 3 维数据按图 6-47 所示的顺序排列成 1 维数据即可。

多数情况下，在进行卷积和池化等处理后、输出层之前实施平坦化。实施平坦化后，网络进行与通常的神经网络相同的处理，向输出层输出计算结果。

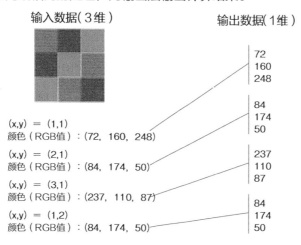

■ 图 6-47 3 维数据平坦化的示例（信息来源：日本 MediaSketch 公司）

全连接层的处理

卷积神经网络的模型在平坦层进行平坦化处理后，与多层组成的普通神经网络同样地使用激活函数对单元进行处理。这个层叫作**全连接层**。

卷积神经网络中的全连接层将对在输出层输出前对卷积等所提取特征平坦化后的结果进行整理。全连接层一般不会重叠太多，层数一般为 1~3。另外，许多模型通过 Dropout 以一定比例减少参数。

使用卷积神经网络的分析示例

1.　使用卷积网络的示例分析（模型的设计）

下面让我们结合对图像识别练习中经常使用的 Cifar-10 的实际分析的例子，加深对卷积神经网络的理解。

第 5 章介绍过，Cifar-10 是 Geoffrey Hinton 等人公开的用于图像识别的数据集，作为学习数据，包含"飞机、汽车、鸟、猫、鹿、狗、青蛙、马、船、卡车"10 种数据，每种数据有 5000 幅图像。

我们试着使用卷积神经网络识别这些合计 5 万幅的图像，看看能达到什么精度。首先看模型的结构。当然，这只是一个例子，并不是说模型一定要这样构成（见图 6-48）。

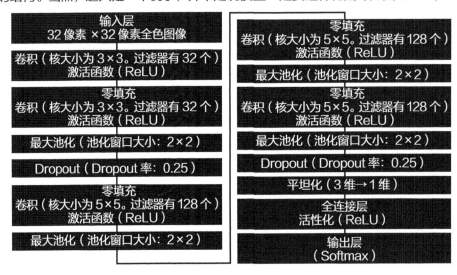

■　图 6-48　分析 Cifar-10 数据集的卷积神经网络分析示例（信息来源：日本 MediaSketch 公司）

首先，这个模型实施了 5 次卷积，为了防止图片尺寸变小，模型也使用了填充。卷积后，模型通过在池化层进行最大池化来抽象化。另外，由于参数的数量变多了，所以适时执行 Dropout 以减少参数。

最后通过平坦化将 3 维数据转换成 1 维，通过全连接层后到达输出层。输出层预测各图像属于哪个类别。由于这个例子是分类分析，所以输出值应为输入图像属于各分类的概率值。因此，输出层最后使用 Softmax 函数将各输出值转换为相对概率值。

这里用于计算预测误差的损失函数是交叉熵。许多分类分析的模型都倾向于使用交叉熵。在实际地创建这个模型之前，笔者尝试了几个模型。虽然有些模型的预测精度不高，但在尝试的所有模型之中，精度最高的就是这个模型。笔者只是作为示例简单尝试了一下，没有花太多时间慢慢构筑。如果在其他方面再下些功夫，构筑更好的模型并非难事。

2. 使用卷积神经网络的分析示例（学习的设计）

在 Cifar-10 包含的 5 万幅图像中，我们将其中的 45 000 幅用于学习，剩下的 5000 幅不用于学习。这 5000 幅是在每次学习后验证精度时使用的数据。这种在学习时的确认精度的方法叫作交叉验证（Cross Validation。详细信息可参考第 7.2 节）。

至于学习本身，我们首先选择了 Adam 作为优化函数，使用这个函数反复学习 19 次。使用普通配置的计算机训练这个例子会花费很多时间。因此，可以使用搭载 GPU 的计算机进行处理（关于 GPU 和人工智能的关系，可参考第 7.7 节）。

由于要花很长时间，所以实施小批量学习。小批的个数设定为 10，与一幅幅地学习的方式相比预测精度可能会有所下降。这种方式的一次学习所花的时间大约是 12~13min。因此，即便使用搭载高性能 GPU 的计算机，学习 19 次也需要 4h 左右。因为一次验证要花这么多时间，所以不断改变参数并验证性能的人工智能的调优需要花费很长的时间。

3. 使用卷积神经网络的分析示例（精度验证）

那么，让我们来看看每次学习的精度吧。首先是损失值的变化（见图 6-49）。

损失值是指在学习时测量误差的损失函数的计算结果。如果损失值大，预测值与正确答案的差会变大。因此，如果损失值不能随着重复的学习而变小，就不能说精度提高了。

从损失值的图形来看，学习时的损失值随着学习的重复而降低，从而可以判断出精度在顺利地提高。但是，学习就是为了减少误差而修改参数的，所以损失值下降是理所当然的。

问题是对于学习中没有使用的"未知数据"能得出多少精度。在每次学习后进行的评估测试中，使用学习中没有使用的 5000 幅未知图像来测量损失值（学习后进行评估测试的损失值）。从学习后评估测试的损失值的推移来看，到第 8 次学习为止损失值顺利下降，但之后却呈现上升趋势。这不是好的趋势。可能的原因是发生了过拟合，或者现在的模型已经达到了预测精度的极限。

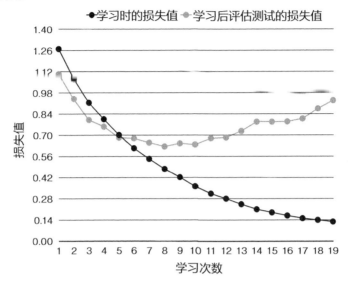

■ 图 6-49 学习 Cifar-10 数据集时的损失值变化（信息来源：日本 MediaSketch 公司）

回归分析使用损失值测量精度。分类分析可以使用预测正确的概率——正确率来计算精度。

下面我们来看看学习的正确率吧（见图 6-50）。

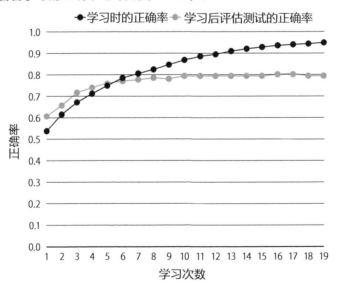

■ 图 6-50 学习 Cifar-10 数据集时的正确率（信息来源：日本 MediaSketch 公司）

模型对学习时的学习数据的正确率持续上升，最终提高到了 95% 左右。另外，虽然在进行评估测试时使用未知数据的正确率（学习后的评估测试的正确率）没有下降，但在第 8 次学习后平稳维持在 80% 左右（表示饱和）。因此，可以看出第 8 次以后学习结果的预测精度没什么提高。

卷积神经网络也只能辨别 80% 的图像，也许你对此会感到失望。但在卷积神经网络出现之前，要达到这个水准的精度也是相当困难的。

由于这次使用了小批量学习，每次学习 10 个数据，所以精度可能不会再提高了。虽然会花很多时间，但是减少小批量数据的个数，以及对模型内的超参数下功夫的话，精度可能会更高。

重要的是在学习阶段定期确认预测精度，并从各指标中解读神经网络的状况。此外，基于各种调优的经验，经常探索什么样的模型是十分适合的也是很重要的。

4. 使用卷积神经网络的分析示例（特征可视化）

最后，为了加深读者对卷积神经网络的理解，让我们来看这个分析示例中人工智能是如何识别图像的（这是为了在视觉上理解人工智能的内容所做的，在实际的人工智能分析中很少这么做）。

首先是卷积层的过滤器。图 6-51 是将第 3 层的卷积层发现的特征最大化后的图像，即将该卷积层中发现并产生反应的特征图形化后得到的图形。

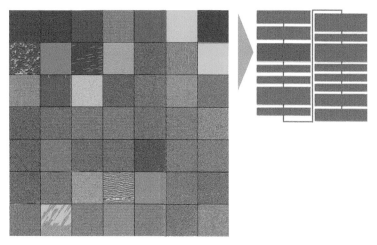

■ 图 6-51　将第 3 层的卷积层发现的特征最大化后的图像（信息来源：日本 MediaSketch 公司）

这些图片过小，可能还是难以理解，所以进一步放大其中的几张（见图 6-52）。

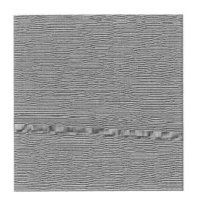

■ 图 6-52　将第 3 层的卷积层发现的特征最大化后的图像（放大）（信息来源：日本 MediaSketch 公司）

　　这个卷积层对如图 6-52 所示的输入图像中包含的简单条纹图案产生反应。接下来看下一个（即第 6 层的）卷积层是什么样的。

　　如图 6-53 所示，第 6 层检测到的图像比第 3 层的图像更复杂。卷积神经网络的层越深，数据越会经过更多的卷积层，并通过多个过滤器来判定特征。因此，层越深，越能检测出更复杂的特征。

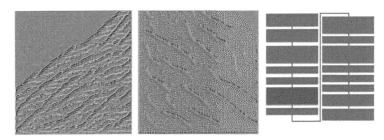

■ 图 6-53　将第 6 层的卷积层发现的特征最大化后的图像（放大）（信息来源：日本 MediaSketch 公司）

　　接下来试着将第 10 层发现的特征进行图形化观察（见图 6-54）。

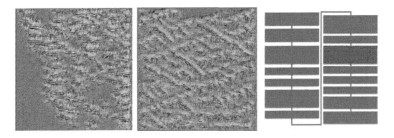

■ 图 6-54　将第 10 层的卷积层发现的特征最大化后的图像（放大）（信息来源：日本 MediaSketch 公司）

　　到了第 10 层（见图 6-54），就能看出它能检测相当复杂的图案特征。接着让我们使用热力图看看将各数据中哪个部分影响了判定结果进行可视化后的图形（见图 6-55）。

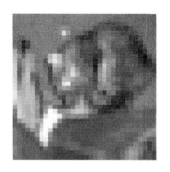
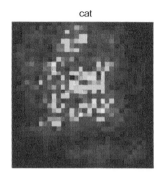

■ 图 6-55 显示猫的图像和对各像素判定结果的影响程度的热力图（信息来源：日本 MediaSketch 公司）

从结果来看，猫的鼻子和耳朵周围对判定结果有很大的影响。同时，猫的整个身体也有一定程度的影响，可以看出卷积层捕捉到了身体的轮廓。

接下来再看看飞机图像（见图 6-56）。

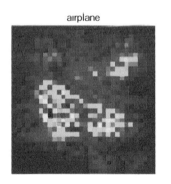

■ 图 6-56 显示飞机的图像和对各像素判定结果的影响程度的热力图（信息来源：日本 MediaSketch 公司）

从热力图来看，卷积层捕捉到了车轮周围的明显特征，同时也捕捉到了整个机体的特征。

另外，对于图像上部的文字信息，卷积层完全没有将其作为特征来捕捉。即使人没有提供任何指导，只要提供由图像和正确答案构成的学习数据，卷积神经网络就能像这样从猫的图像中发现猫的特征、从飞机的图像中发现飞机的特征，并创建能够检测它们的分类器。

参考文献

❶ D. H. Hubel, T. N. Wiesel.（英文）
RECEPTIVE FIELDS OF SINGLE NEURONES IN THE CAT'S STRIATE CORTEX.
ncbi 网站

❷ F. Rosenblatt.（英文）
THE PERCEPTRON: A PROBABILISTIC MODEL FOR INFORMATION STORAGE AND
ORGANIZATION IN THE BRAIN.
citeseerx 网站

❸ Yann A. LeCun,Léon Bottou, Genevieve B. Orr, Klaus-Robert Müller（1998年）.（英文）
Efficient BackProp
Yann LeCun 网站

❹ Xavier Glorot, Yoshua Bengio.
Understanding the difficulty of training deep feedforward neural networks.（英文）
proceedings 网站

❺ Xavier Glorot, Antoine Bordes, Yoshua Bengio.（英文）
Deep Sparse Rectifier Neural Networks.
proceedings 网站

❻ Yann A. LeCun, Léon Bottou, Genevieve B. Orr, Klaus-Robert Müller.（英文）
Efficient BackProp.
ucsd 网站

❼ John Duchi, Elad Hazan, Yoram Singer.（英文）
Adaptive Subgradient Methods for Online Learning and Stochastic Optimization.
jmlr 网站

❽ Geoffrey Hinton. rmsprop: Divide the gradient by a running average of its recent magnitude.（英文）
UToronto 网站

❾ Matthew D. Zeiler.（英文）
ADADELTA: An Adaptive Learning Rate Method.
arxiv 网站

❿ Diederik Kingma, Jimmy Ba.（英文）
Adam: A Method for Stochastic Optimization.
arxiv 网站

⓫ Nitish Srivastava, Geoffrey Hinton, Alex Krizhevsky , Ilya Sutskever , Ruslan Salakhutdinov.（英文）
Dropout: A Simple Way to Prevent Neural Networks from Overfitting.
UToronto 网站

⓬ Geoffrey. Hinton.（英文）
Reducing the dimensionality of data with neural networks.
UToronto 网站

⓭ Alex Krizhevsky, Ilya Sutskever, Geoffrey Hinton.（英文）
ImageNet Classification with Deep Convolutional Neural Networks.
nips 网站

AI 技术篇

第 **7** 章

人工智能的开发和运用管理

本章根据实际开发人工智能的步骤，对设计开发和运用管理相关的必要知识进行讲解。随着 21 世纪初第三次人工智能热潮的兴起（至今仍在持续），各种各样的库和开发工具出现了。开发者需要在理解这些工具的特性的基础上配置开发环境。此外，在人工智能领域，运用管理是非常重要的环节。请意识到它与通常的 IT 系统的不同，并了解其要点。

第 1 章

2

第 3 章

第 4 章

第 5 章

第 6 章

第 8 章

第 9 章

第7章

人工智能的开发和运用管理

7.1 人工智能的设计

机器学习算法的选择

我们在前6章多次强调，并不是说使用深度学习（神经网络）分析就一定会有好的结果。确实，很多事例和研究都使用深度学习不断创建新的商品和服务。但是，深度学习并不是万能的，在实际工作中，我们应该在考虑"机器学习的目标"和"数据特性"的基础上，从多个人工智能算法中选择最合适的。

相应的成本和花费较长时间也是必要的。深度学习在有很多复杂关联性的数据中，能发现人类难以预料的关系，最终以高精度推导出各种各样的预测。但是，为了达到一定的性能，深度学习需要海量数据和高性能的计算机资源（CPU和内存等），而且学习所需的时间也有增加的趋势。在没有高精度要求的情况下分析简单的数据时，深度学习未必是最合适的。因此，除了深度学习外，我们还必须了解经典的机器学习算法。

另外，可能每天都有新的机器学习算法和调整方法被发明出来，分析的方法、模型、调优方法日新月异。因此，收集并参考最新的信息也很重要。此外，在使用人工智能进行分析时，参考进行同样分析的文献也是非常重要的。

可以作为参考的除了人工智能领域相关的论文和书籍之外，还有技术人员发布的博客和视频等内容。

人工智能领域相关论文不仅包含处理的内容，很多还详细记载了性能评估、模型的构成、调优项目带来的精度变化等。这样的论文在预测用怎样的算法能得出多少精度的时候是非常重要的参考。但在多数情况下，不实际运行就不知道模型的精度也是事实。因输入数据和程序运行环境的不同，预测精度和学习时间会有很大的变化。因此，首先用有限的数据进行验证也是有效的手段之一。

目标值的设置

用人工智能进行分析时，学习和参数调整要进行到什么程度取决于开发所要求的精度。

要决定精度，需要设定目标值。目标值不能设定为"个人觉得应该达到的值"或"个人的理想值"等。开发者应从"在考虑实际运用的情况下，精度达到多高才不影响运用"开始考虑。

读到这里的读者应该很容易理解人工智能的预测精度不可能达到100%。人工智能只不过给出了"基于目前为止的数据规律，这样考虑在概率上是合理的"这样的回答。反过来说，假设人工智能的预测长期维持100%的精度，说明原本就没有利用人工智能的必要，判定规则非常明确，只需简单的预测。

例如，在开发识别猫或狗的图像识别的人工智能时，以99.00%的正确率为目标和以99.99%的正确率为目标的开发和运用方针会有很大的区别。对于文字识别的场景，如果以99.00%的正确率为目标，说明100个文字中有1个文字是错误的，假设1份文件中有100个文字，那么会得出1份文件中的某一处有识别错误的结论。与之相对，如果以99.99%的正确率为目标，说明100份文件中有1处识别错误。在了解这一点的基础上，必须考虑系统的运行机制：由谁、如何去处理识别错误。

对于人工智能，无论多么优秀的模型都存在误识别。在理解这一点的基础上，为了防止由于误识别而导致致命问题发生，事先考虑好处理机制是非常重要的。让愁于人工智能是没有意义的。最终必须由人负责任地评估。但请不要忘记：即使人检查了也不能完全防止问题的发生。

目标值和开发成本

在开发时还需要考虑成本。我们必须意识到使人工智能的正确率为99.00%和99.99%时成本的差别。

一般来说，训练人工智能需要以下成本。

- 开发程序并进行调优的工程师的人力成本。
- 为了学习所花费的计算机的电费。
- 租借学习用的计算机时的租金。

其实算算这个成本就知道它是相当高的。一般来说，机器学习的正确率从50%左右提高到70%左右是比较简单的。但是，把99%的正确率再进一步提高到99.99%就比较难了。这是因为需要花费时间进行各种各样的调优。

因此，在计划利用人工智能的阶段，包含"正确率越高越好，尽可能不要出现误识别"，这样的条件（需求）会很麻烦。因为工程师们必须首先为了制定的目标（高正确率）花费大量的时间来训练人工智能。

所以，在委托 IT 企业开发人工智能时，必须明确目标值。在现实中，尽管预算金额很高，但最终无法完成开发的项目屡见不鲜。

如果不追求高精度的话，花时间和成本继续学习是徒劳的。因此，在明确实际运用中的需求的基础上，决定合适的目标值是多少是很重要的。

学习的实施计划

对于监督学习，人们在应用人工智能之前需要准备学习数据，训练以使其提高预测精度。一般来说，准备没有偏颇、存在很多模式的学习数据，有助于实现高精度。

例如，使用图像识别来判断图像中的动物是狗还是猫时，如果使用有各种种类、年龄、大小、姿势等特征的狗和猫的图像，有望实现更高的精度。但是，没有必要在产品的原型阶段就开始学习所有的数据。一次大规模数据的学习过程可能需要很长的时间。而且，即使花了很长时间训练模型，如果由于调优错误等原因导致无法获得高精度的模型，也是浪费时间的。

为了防止这样的事态发生，我们先通过从有限的数据中对精度和时间进行估计的原型验证来制定学习计划。也就是说，我们在最初阶段对有限数据的精度如何变化进行验证的同时，在分析花费多少时间才能得到目标精度的基础上，制定学习计划。如果出现了"实际的学习花费了半年时间"的情况，很有可能让人产生"花那么多时间和成本学习的意义何在"的疑问。

通过原型验证，如果发现有望在计划范围内获得足够的精度，就让模型依次学习已有的海量学习数据，正式开始学习。

对于无监督学习和强化学习，我们是不需要准备学习数据的。但是，需要在原型阶段进行性能验证、制定学习计划这一点是相同的。需要注意的是无监督学习达到足够的精度所需的时间容易变长。而且由于过拟合（过拟合的详细内容可参考第 7.2 节）等原因，可能无法按照学习计划提高精度。

即使开始学习后 1 个小时左右，精度顺利地提高了，但之后精度急转直下的情况也不少见。因此，除了在学习时需要在日志文件中定期记录有关精度的信息，人也需要依次检查人工智能的性能是否有问题。

保存学习后的模型

假设在某个分析中有对同一数据集实施 1 万次反复学习的计划。根据这个计划，学习时间需要 1 个月左右，那么在那个期间内没有必要让计算机连续学习。

有时候我们可能会因为停电等原因，不得不暂停程序。还有尽管模型已经花费了一些时间学习，但由于某些问题程序中途停止，之前的学习没用了的情况。为了解决这些问题，人工智能可以将已学到的状态保存在操作系统中的文件里。如果是神经网络，要保存的是当时模型内的权重和偏置等所有参数。将保存的文件装入结构相同的模型中可恢复保存时的状态。这样就可以从上次暂停的地方开始继续学习。如果是长时间学习，为了避免计算机停止的风险，只要定期将学习内容作为文件保存在操作系统中就可以了。

保存人工智能状态的文件大小取决于参数的数量，模型越大越复杂的文件越大。不过，即使保存的参数数量很多，毕竟参数是数值数据，所以文件也不会太大。根据学习次数保存文件也不会变得特别大，所以一般不需要太在意磁盘的容量。

另外，为了验证学习精度，如果想要保留随着学习次数的增加而产生的精度的变化，则需要在程序内输出与精度相关的日志，并将其保存到文件中。因为这些是历史日志，所以随着学习次数的增加占用的容量也增加了。

7.2　人工智能的运用监视

在编写了人工智能程序的源代码后，需要通过学习来提高人工智能的精度。接下来说明如何评估人工智能的精度，以及监视精度时的注意事项。

回归分析中精度的监视

在回归分析中，人工智能的预测值和实际数据之间的差就是误差。误差不是根据简单的减法计算的，而是根据损失函数计算的。

损失函数有几种算法，如均方误差和交叉熵，我们必须根据需求和数据特性选择最合适的（关于损失函数的详细内容请参见第 6.2 节）。

图 7-1 是使用神经网络对第 5.4 节介绍的波士顿房价数据集进行回归分析、预测各地区房价中位值时与精度有关的数据（学习次数和误差）的图形。

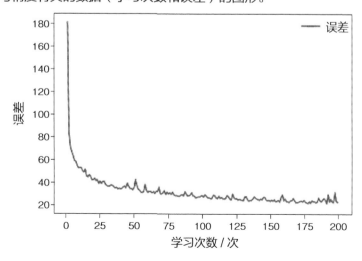

■　图 7-1　学习次数和损失函数计算结果的图形（信息来源：日本 MediaSketch 公司）

横轴表示学习次数。学习数据中有 354 个地区的数据，模型对这些数据反复学习了 200 次。

纵轴是用损失函数计算的预测值与实际值之间的误差。也就是说，误差越小，人工智能的预测值和实际数据之间的差距越小，预测精度越高。

从结果可以看出，随着学习次数的增加误差变小了，所以可以说每学习一次，预测精度提高了，人工智能的学习过程很顺利。相反，如果无论学习多少次，误差都不会下降，说明即使学习了，也没有提高精度，所以人工智能不能很好地学习。

这次的学习从 125 次左右开始误差的下降幅度变得相当小。即使有一点点减少的趋势，也不能说学习是无用的。由于误差的减少幅度太小，所以是否继续学习，需根据时间和成本决定。另外还要看实际使用时多大的误差是可以被容许的，这也是人工智能是否继续学习的判断条件。

但是，如果反复学习误差也不会减小，甚至还有所增大，说明存在着越学习预测精度越差的可能性，也就意味着人工智能没能很好地学习。这种情况下，需要分析情况，更改中间层的构成、各层使用的激活函数、超参数（各算法可指定的调整参数）等，测试损失是否减小。

回归分析就像这样以损失函数的计算结果为基础，一边监视学习精度，一边进行调优。总而言之，回归分析评估人工智能的预测值和实际测量值的差值。

分类中精度的监视

在分类中，损失函数的计算结果也可以看作表示性能的指标，但正确率更常用。正确率多用其英文单词 Accuracy 表示，有时缩写为 ACC。

分类预测数据属于哪个类别（指要分类的组或类别），因此，根据正确率（概率）的指标来判断性能更容易理解。

图 7-2 所示为使用神经网络学习第 5.4 节介绍的 MNIST 数据集的 54 000 个手写数字图像数据 100 次时的正确率。

横轴表示学习次数，纵轴表示正确率。第 1 次学习的正确率是 0.7683。在什么都还没有学习的状态下预测正确全凭运气，所以正确率只有 10% 左右。在完成 1 次对共 54 000 个手写数字图像数据的学习之后，正确率提高到了 77%。

对于现在的人工智能来说，判断数字那样单纯的记号问题是一个简单的问题。因此，全结合型的简单神经网络也有很高的正确率。

这种问题的正确答案是数字 0 ～ 9 中的一个，所以要判断的组有 10 个。因此，如果正确率在 0.1 左右保持不变，就和随机选择预测值的状态相同，说明学习完全没有作用。

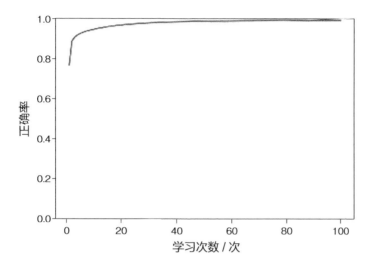

■ 图7-2 学习手写数字图像数据 100 次时的正确率（1）（信息来源：日本 MediaSketch 公司）

20 次左右的学习结束时，正确率达到了 0.9081。为了便于观察，这里将图 7-2 的纵轴的下限调整为 0.76（见图 7-3）。

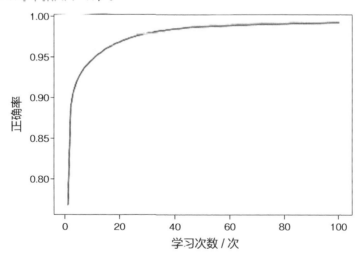

■ 图7-3 学习手写数字图像数据 100 次时的正确率（2）（纵轴的下限调整为 0.76）（信息来源：日本 MediaSketch 公司）

坐标下限调整后，从图 7-3 中可以看出，在 100 次学习结束之前正确率会慢慢提高。正确率一点点地提高意味着如果再多学几次就有可能达到更高的正确率。实际上，在这个案例中，100 次学习时的正确率达到了 0.9917。

到这里，人工智能是以高正确率为目标进一步学习，还是已经有足够高的正确率了，所以结束学习呢？这要根据需求由人来判断。

交叉验证

监督学习使用学习数据进行学习。在监督学习的学习过程中，同样的数据要学习数百次、数千次。

当然，如果学习顺利，机器学习模型对学习数据的预测精度和正确率会随着学习次数的增加而提高。但仅凭这些就可以将学习完毕的模型应用于实践吗？这却不一定。

正如之前多次说明过的那样，对于学习过的数据，模型的预测精度高是理所当然的。人工智能的价值在于对于从未学习过的未知数据能以多高的精度进行预测。因此，我们在开发阶段需要计测对未知数据的精度。

这种情况下常用的手法是交叉验证。交叉验证（Cross Validation）是指在机器学习中对未知数据的预测精度进行评估的方法。具体来说，对于监督学习，交叉验证是指将学习数据分割为"训练数据"和"测试数据"，模型只通过训练数据进行学习，用已学习的模型测量未学习的测试数据的预测精度的手法。

假设手写数字图像数据有 60 000 个，将 60 000 个数据中相当于 90% 的 54 000 个数据作为训练数据，剩下的 6000 个作为测试数据（见图 7-4）。

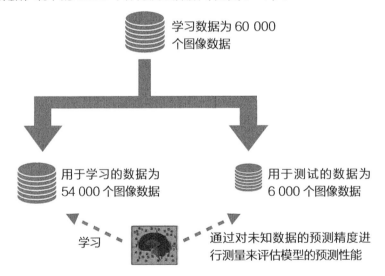

学习数据为 60 000
个图像数据

用于学习的数据为
54 000 个图像数据

用于测试的数据为
6 000 个图像数据

学习

通过对未知数据的预测精度进
行测量来评估模型的预测性能

■　图 7-4　交叉验证的例子（信息来源：日本 MediaSketch 公司）

首先，模型使用 54 000 个训练数据进行数百次学习。此时，假设对于训练数据的预测正确率为 98%。接着，对学习中没有使用的 6000 个数据使用已学习的模型进行预测，测量其正确率。因为这 6000 个数据对于人工智能来说是未知的数据，与训练数据的预测正确率相比会变低。

如果模型对测试数据的正确率是 95%，说明它对未知数据有 90% 以上的预测正确率。

即使将模型用于识别实际的小票上的数字,想必精度也会很高。反之,如果模型对测试数据的预测正确率为10%,就说明它完全无法应对未知数据。

我们可以想到的原因有这样几个:比如训练数据是相当偏颇的数据,又如训练数据都是认真书写的数字,这样模型就不能正确预测测试数据中形状歪歪扭扭的数字。因此,<u>学习数据中包含可能存在的各种类别的数据是最理想的</u>。

过拟合

过拟合是指在机器学习中,即使增加学习次数,预测精度也很低的状况,也可以叫作过度学习,英语表达为 Overfitting。尽管到中途为止预测精度都在顺利地提高,但是如果超过了某个次数,预测精度开始下降的时候,就可以认为发生了过拟合。

发生这种情况的原因有很多,比如过拟合会对所有数据反应过度,可能会陷入无法正确把握整体趋势的状况。我们看一个具体的例子。

如图 7-5 所示是某个数据的分布。随着 x 轴方向的值的增加,y 轴方向的值总体上也会随之增加。但与此同时,有一个数据 α 似乎偏离了整体的分布。

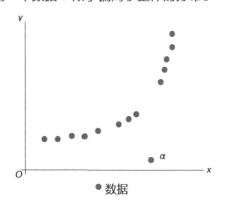

■ 图 7-5 某个数据的分布(信息来源:日本 MediaSketch 公司)

如果数据 α 是因传感器故障等引起的异常值,则会事先从分析对象中将它去除,但在此为了说明过拟合,假定 α 不是异常值,而是一个特殊但正常的测量数据。

使用机器学习对这些数据进行回归分析,预测整体的趋势。

这里复习一下回归分析:它的目的是分析当前数据的趋势,对未知数据进行高精度的预测。这种对学习数据中不存在的没有经历过的领域的数据也能以高精度预测的能力被称为模型的泛化能力。

人工智能与普通的程序不同,它不是按照一定的规则进行判定和判断,而是对未知的数据也要有随机应变的应对能力,能灵活判断。也就是说,泛化能力高的人工智能具有很大的价值。因此，我们看数据时不要"盲人摸象"或者一成不变，而要通过分析来把握整体或数据组的分布和特征。

分辨过拟合

人工智能拥有多高的泛化能力取决于学习的数据量、学习次数、算法参数的调优，如图 7-6 所示为对这些数据用不同参数进行回归分析的 2 个示例，图中的曲线表示对于 x 的变化，y 产生的变化趋势。

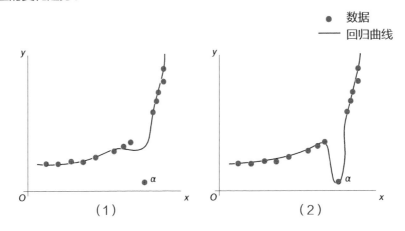

■　图7-6　回归分析的 2 个示例（信息来源：日本 MediaSketch 公司）

从图 7-6 可以看出，（1）中的回归曲线受到了数据 α 的一定影响，但是 α 对表示整体分布的回归曲线的影响是有限的；（2）中的回归曲线则过多受到各数据的影响，成了只连接各数据点的曲线。

（2）只因一个偶然存在的特殊的数据（数据 α）就导致回归曲线整体的趋势发生了很大的变化，所以不能说它符合整体的趋势，我们认为它的泛化能力很低。原因可能是过多学习大量同样的数据，或者因为参数的调整导致个别数据对整体趋势的影响太大。这种情况就是过拟合。

应对过拟合

模型陷入过拟合时的应对办法就是在前面学习次数不多、但达到了足够的精度时停止学习。另外，在达到足够的精度之前陷入过拟合的情况下，需要改变算法和模型的构成，改变调优算法中设定的参数等。

发生过拟合的原因不止一个。因此，需要具体情况具体分析，根据各原因进行调优。

在神经网络等模型中，如果作为学习参数的权重和偏置的数量过多，误差反向传播算法的参数更新也很难修正导致误差的参数，过拟合的可能性会变高（关于误差反向传播算法的详细内容请参阅第 6.2 节）。因此，为了防止这种情况发生，可使用 Dropout 方法（关于 Dropout 的详细内容请参阅第 6.3 节）。另外，各层的激活函数以及学习时参数要修改多少的优化函数的选择也是调整的对象。

前面我们已经提到过，"监督学习的学习次数越多，预测精度就越高"的看法是错误的，我们应在认识到需要设定合适的学习次数这一点的基础上制定学习计划。

学习多少次，或者参数调整到什么程度取决于实际运用中模型需要多高的精度。因此，在反复试验和验证的同时，还需要明确要达到的目标精度是多少。从时间和成本来看，最终决定以多高的预测精度为目标也是重要的决定事项。

7.3 Python 语言

使用 Python 的埋田

人工智能的开发和编程语言之间没有直接的关系。我们可以用 C 和 Java 等各种计算机编程语言开发人工智能。但是，如果被问到"在开发人工智能的时候，较受欢迎的语言是什么"时，笔者会毫不犹豫地回答"Python"。

运行 Python 代码的软件作为开源软件被公开，所有人都可以免费下载并使用。关于 Python 的官方信息和相关软件可以在 Python 官网上找到。

现在的人工智能技术是基于数据科学中概率和统计的最新想法而被设计出来的。在数据科学领域，Python 也在全世界有着巨大的人气。

造成这种现象的原因很多，首先 Python 将重点放在了编程的高效率化上。Python 在编写的代码量上下了很多功夫，与其他编程语言相比，并发相同的处理程序的 Python 代码量要少很多。详细内容这里就不展开了。

例如，以下是 Python 生成 10 万个随机数、显示直方图的程序和执行结果（见图 7-7）。

```
import numpy as np
import matplotlib.pyplot as plt

plt.figure(figsize=(12, 8))
result = np.random.normal(0, 1, 1000000)
ret = plt.hist(result, np.arange(-4,4,0.1), edgecolor='black')
```

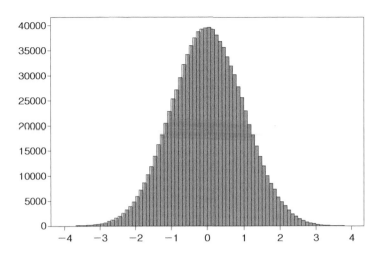

图 7-7　直方图执行结果（信息来源：日本 MediaSketch 公司）

另外，Python 库的种类丰富，使用方便。全世界的开发者开发出了面向 Python 的非常优秀的数据科学库、机器学习库和深度学习库。使用这些库可以比较简单地开发人工智能。因此，在开发人工智能时，神经网络单元内进行的计算和误差函数的计算、优化算法的计算等处理都不需要我们重新开发程序，只需调用库中准备好的处理程序即可实现。

Python 的版本

在 2019 年 4 月份时 Python 的最新版本为 3.7.3。今后开发新程序的时候，使用最新版本即可。但是要运行过去开发的程序时，需要注意版本的不同。

软件版本号中的第一个数字，即只要没有大的变更就不会变的编号叫作主版本号，紧跟其后的因错误修正等小修正而改变的编号叫作次版本号。比如 Python 3.7.3 版本的主版本号为 3，次版本号为 7（次版本号的下一个数字叫作编译版本号）。如果所使用的开发环境和运行环境的 Python 的主版本号（主版本）不同，则无法保证为老版本开发的程序能在新版本上运行。

实际上，在 Python 版本 2 上运行的程序，在版本 3 上可能不会直接运行。以输出字符的 print 语句为例，Python 版本 2 的代码如下。

```
print "Hello Python!"
```

然而在 Python 版本 3 上的写法是这样的。

```
print("Hello Python")
```

相关书籍和互联网上登载了各种人工智能程序的例子，不过，如果是较早开发的程序，有可能是在 Python 版本 2 上开发运行的。这种程序不能直接运行在 Python 版本 3 上，会出现错误。

相比之下，如果仅仅是 Python 的次版本号不同，由于 Python 考虑了兼容性，支持在新版本上运行老版本的程序，所以没有问题。比如在 Python 版本 3.6 中运行的程序很可能也能在版本 3.7 上运行。但是，由于不能 100% 保证，所以无法判断不能运行的可能性。

Python 的开发环境

Python 是一种在运行时一边读取源代码一边依次翻译成机器语言来执行的解释型语言。因此，我们只需以文本文件的形式编写源代码，在运行时使用 Python 的运行命令加载源代码文件。要运行源代码，请先从 Python 的官方网站下载并安装运行命令程序（解释器）。

例如，如果要从名为 sample.py（内容为 Python 代码的文本文件）的源代码文件运行程序，在命令行执行以下命令即可。

```
python sample.py
```

源代码一般使用 .py 扩展名。我们可以使用任何软件编写 Python 源代码。例如，我们可以使用文本编辑器编写代码，然后执行，这毫无问题。笔者推荐读者一开始使用已经习惯了的文本编辑器编写源代码。

但是，如果已经习惯了 Python 的开发，并且要编写的代码量超过了一定规模，这时使用普通的文本编辑器的开发效率可能会变低。对于这种情况，最好使用能高效编写源代码的开发环境软件，如广受欢迎的 Python 综合开发环境 PyCharm。它除了可以管理源代码，还有辅助代码输入的代码提示功能，即在我们输入几个字符后，自动显示特定关键字相关的候选列表，通过选择其中之一作为输入的功能（见图 7-8）。

■　图 7-8　PyCharm 的开发界面（信息来源：日本 MediaSketch 公司）

7.4 数据分析所需的 Python 包

在进行诸如傅里叶变换等计算时，每次都在程序中编写计算表达式是很麻烦的。因此，对于频繁使用的处理，我们要以函数的形式准备。这样的函数可以汇总在一起，在 Python 中称之为模块（Module）。

由企业或志愿者组成的开源社区，为了特定的目标而开发的多个模块的汇总被称为包（Package）。用户可以不以单个函数为单位，而是以包为单位导入并使用。包这个词是在面向对象语言出现时使用的术语。此前这些文件都被称为库，笔者觉得称之为库的人更多。不管怎么称呼都没有问题，不过人们在发布某个模块时，通常是以包为单位汇总后公开的。

接下来介绍这许许多多的包之中，频繁用于人工智能程序的、与数据分析相关的包。

包管理

在 Python 中，可以使用 pip 软件管理包。例如，为了能够安装并使用之后介绍的 NumPy 包，执行以下命令。

```
pip install numpy
```

执行后，pip 将指定的软件包从互联网上的网站下载，将文件解压及设置到可使用的状态。通过这样的方式，在 Python 中使用 pip 命令可以更容易地进行包的管理。

Jupyter Notebook

Jupyter Notebook（原 iPython Notebook）是一种提供在浏览器上以交互形式执行 Python 源代码（Python 代码）的软件包。

交互形式是指在执行一部分程序并即时显示其结果后，紧跟该状态再次开始执行下一个源代码的形式。通过这种方式，在进行数据分析和人工智能开发时，可以一边显示和分析各种数据，一边依次查看显示的结果。这样就能一边进行其他的分析和调优，一边进行阶段性的开发。

安装 Jupyter Notebook 时将同时安装 jupyter 命令行程序。运行完成后，就可以通过本地 IP 地址（127.0.0.1）的 8888 端口访问开发界面，所以用浏览器访问就可以使用了（见图 7-9）。

■ 图 7-9　Jupyter Notebook 的开发界面（信息来源：日本 MediaSketch 公司）

Matplotlib

Matplotlib 是用于显示线形图和条形图等图表的包。

在使用 Jupyter Notebook 进行开发时，它可以在浏览器上显示图表。在查看数据分布和特性时，有时用来在浏览器上显示线形图和分布图。另外，由于 Matplotlib 也可以用于显示图像数据，在图像识别中显示作为输入值的图像时也会使用它（见图 7-10、图 7-11）。

```
In [2]: x = np.arange(-3, 3, 0.1)
        y = np.sin(x)
        plt.plot(x, y, c="r")
        plt.grid()
```

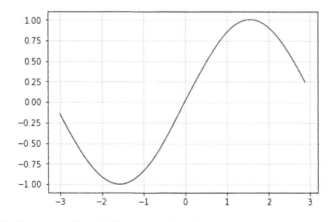

■ 图 7-10　使用 Matplotlib 显示线形图的示例（信息来源：日本 MediaSketch 公司）

```
In [2]: import pylab as pl
        pl.gray()
        pl.matshow(x_train[0])
        pl.show()
        y_train[0]

        <matplotlib.figure.Figure at 0x7fcdf87ee630>
```

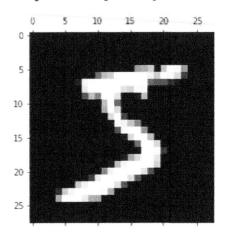

```
Out[2]: 5
```

■　图 7-11　使用 Matplotlib 显示 MNIST 手写数字图像数据（信息来源：日本 MediaSketch 公司）

NumPy

NumPy 是利用 Python 进行科学技术计算的基本包。

第 7.5 节介绍的人工智能相关库的数据的输入形式多数都是 NumPy 数组，毫不夸张地说，NumPy 是开发人工智能程序所必不可少的。

NumPy 还内置了高效变换 *N* 维数组的函数、进行线性代数计算的函数等，这些函数在处理数据时经常被用到。另外，NumPy 还内置了非常好用的随机数相关函数，所以它也常被用在统计分析的模拟和验证工作中。

pandas

pandas 是用于数据分析的包。pandas 提供了一个叫作 **DataFrame** 的管理数据的类。

在 DataFrame 中，可以在数据中添加索引（用于识别的编号）和列名，因此我们可以像使用电子表格软件（Excel）那样，以指定行和列的形式对数据执行提取、插入、更新、删除等操作。

另外，由于可以根据特定的列对 DataFrame 进行排序和分组计算，所以它是数据分析不可或缺的、非常方便的包。在人工智能相关的示例代码中它也频繁出现（见图 7-12）。

```
In [1]:  import numpy as np
         import pandas as pd

         df = pd.DataFrame(np.random.randn(4,4))
         df.columns = ["A", "B", "C", "D"]
         df.index = ["データ1", "データ2", "データ3", "データ4"]
         df
```

Out[1]:

	A	B	C	D
データ1	-1.101224	0.362599	1.502465	0.458319
データ2	1.124154	1.362180	1.551073	-1.497547
データ3	1.195016	-1.144925	0.892200	-0.744113
データ4	0.944424	1.712931	-0.447614	-1.214476

■ 图 7-12 在 Jupyter Notebook 上创建 DataFrame 并显示其值的例子（信息来源·日本 MediaSketch 公司）

SciPy

SciPy 是一个提供了处理科学计算函数的包，内置了可用于统计、积分、傅里叶变换、信号处理、图像处理等的函数，常用于图像和语音识别领域，用在作为人工智能输入的声音和图像数据的预处理。

7.5 人工智能相关库

本节介绍一些用于开发人工智能的库。

人工智能是备受瞩目的技术。因此，每天都有新的库出现，并在全世界传播。虽然选择多了是好事，但也可能带来"使用哪个库更好"的烦恼，所以请理解每个库的特点，通过实际试用找到适合自己的库。

TensorFlow

TensorFlow 是作为开源软件公开的机器学习库，由美国谷歌公司开发。

除了 Python 之外，它还支持 C 语言、Java、Go 语言（谷歌公司开发的编程语言）。它也支持神经网络（深度学习），通过它可以尝试包括谷歌公司进行的最新研究成果在内的新方法。

TensorFlow 是非常受欢迎的机器学习库，除了谷歌公司和该公司收购的英国 DeepMind 公司（开发了围棋人工智能 AlphaGo 的企业）在使用它之外，它还被应用在世界各地的各种项目中。

它是在 Apache License 2.0 协议下公开的，根据该协议的规定，它也可以用于商业项目。

Chainer

Chainer 是以日本企业 Preferred Networks 为中心开发的开源机器学习库。

使用它可以开发利用神经网络（深度学习）进行机器学习的程序，它可用于图像识别、语音识别、自然语言处理等领域。它以日本企业为中心开发，有很多相关的日语书籍。因此，它主要是在日本备受欢迎的库。

Chainer 的一大特色是动态网络的构建功能。动态网络指的是可以根据输入层的数据改变神经网络模型形式的网络。举例来说，就是当输入层的数据是 1 维数据或 3 维数据时，网络可以随机应变地改变神经网络的构成。这个机制叫作 Define by Run。

与此相对，TensorFlow 对所有输入数据应用相同的模型。这样的网络被称为静态网络。这个机制叫作 Define and Run。

动态网络有着即使有各种各样的输入数据也能随机应变的优点，但对性能的验证和分析也相应地变得复杂，需要高超的技术。

PyTorch

PyTorch 是美国脸书公司开发的深度学习库。虽然它作为面向深度学习的库是较后发布的，但是从 2016 年左右开始人气急剧高涨。

PyTorch 和 Chainer 一样具有构建动态网络的特点。另外，还有一个特点是它可以比较直观地编写强化学习的程序。因此，它是在实施强化学习的人工智能开发中很受欢迎的库。

Keras

Keras 是面向深度学习的 Python 库，在全世界非常受欢迎，很多人工智能相关书籍中的示例代码都是基于 Keras 开发的。

不过 Keras 和刚刚介绍的 TensorFlow、Chainer 的作用稍有不同。这是因为 Keras 自身不会进行神经网络的模型创建和计算处理。Keras 是为了简化 TensorFlow 等库的使用而出现的封装库，它是在 TensorFlow 和应用之间发挥中介作用的库。

Keras 的用户较多的原因是它是在重视对用户友好的使用方法和模块性、扩展性的基础上设计的。Keras 开发的目标是快速、简单地创建原型。

在实践中，与直接使用 TensorFlow 等人工智能库相比，使用 Keras 可以用相对较少的代码直观地编写源代码。

使用 Keras 时，用户可以通过设定参数来选择实际进行计算处理的后端库。Keras 支持的后端库除了 TensorFlow 之外，还有 MXNet、Deeplearning 4j、CNTK、Theano 等库。

Keras 默认的后端库是 TensorFlow，Keras 的官方网站推荐的也是 TensorFlow。因此，如果没有特别的理由，默认使用 TensorFlow 作为后端库就可以了（见图 7-13）。

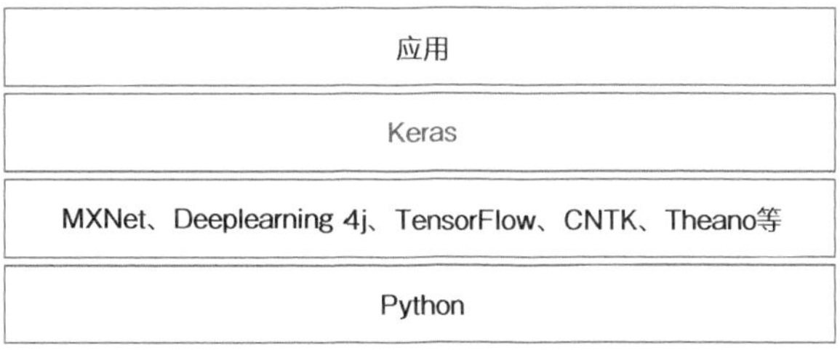

■ 图 7-13 Python、后端库和 Keras 的关系（信息来源：日本 MediaSketch 公司）

scikit-learn

scikit-learn 是作为开源软件项目开发的机器学习库。

它覆盖了决策树、SVM、K 近邻算法、DBSCAN 等历史较悠久的算法，被广泛使用。

scikit-learn 虽然支持神经网络，但没有完全实现构建深度学习的功能。作为深度学习库，常用的是 TensorFlow 和 Chainer（2019 年 4 月的情况。今后 scikit-learn 也将支持深度学习）。但它在除利用神经网络算法以外的场景中是人气很高的机器学习库。其官方网站上登载了各种算法的调优示例，有助于用户学习。由于库内还准备了用于学习的数据集，因此它经常出现在人工智能相关的书籍和网站上。对于人工智能工程师来说，它是必不可少的库之一。

DEAP 是 Python 的一种用于进行遗传算法、遗传编程等进化计算的库。它是由加拿大拉瓦尔大学开发、作为公开的开源软件库。

因为能处理遗传算法的库不多，所以网上的相关示例程序等多使用 DEAP。

OpenAI Gym

OpenAI Gym 是 OpenAI 项目提供的用于实验和验证强化学习的平台。

OpenAI 是推进开源和亲和性高的人工智能的非营利团体，因得到电动汽车制造商美国特斯拉公司的首席执行官 Elon Musk（2019 年 2 月的信息）的出资而受到关注。OpenAI 的目标是开发可使用的人工智能和开发环境，参与这个平台的工程师和研究人员遍及全世界。OpenAI 也致力于新方法的研究开发，发表了许多关于深度学习和强化学习的方法和论文。

OpenAI Gym 为 Python 提供了强化学习验证的库（关于强化学习的详细信息可参考第 8.2 节）。具体来说，它可以在 Python 上运行几个游戏，用自己创建的进行强化学习的人工智能来操作游戏，并接受游戏结果作为反馈。

OpenAI Gym 提供了许多游戏运行库，但其中常用的是美国游戏厂商 ATARI 等过去开发的游戏，比如使用 OpenAI Gym 库可以操作"Breakout"游戏，也就是所谓的打砖块游戏。在这个游戏中，使用了强化学习的人工智能可以判断自己应该向右移动、向左移动，还是应该静止不动，之后从游戏获取结果。

随着 OpenAI Gym 的出现，用户可以通过游戏操作轻松地验证使用了强化学习的人工智能的性能（见图 7-14）。

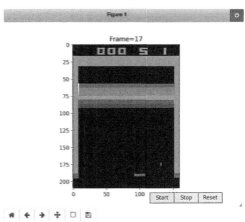

■ 图 7-14　OpenAI Gym 提供的在 Python 上由人工智能操作的打砖块游戏界面（截图：日本 MediaSketch 公司）

7.6　运行人工智能的平台

本节介绍在什么样的环境之上运行已开发的人工智能。此外，目前在云计算构筑的环境中进行人工智能学习的情况在不断增加。因此，本节将介绍常用于人工智能学习环境的服务。

人工智能学习的环境

什么样的环境适合开发并运行人工智能呢？虽然笼统地说都是人工智能运行的一部分，但是学习和预测时适合的环境有很大的不同。

一般来说，人工智能的学习过程需要大量的计算。因此，要建立在实际业务中可用的人工智能，光是学习就需要花好几天，有时候甚至需要几个月的时间。因此，为了人工智能的学习需要准备高性能的计算机。

其中非常重要的是外理器的规格（配置）。在通常的计算机和服务器中，计算主要使用通用 CPU。但是，人工智能领域有使用具备优秀浮点计算能力的 GPU 进行学习的趋势。如果还想人工智能更快地学习，需要配备具有高性能 GPU 的计算机（需要 GPU 的原因可参考第 7.7 节）。当然，内存和其他硬件也需要具备十分高的性能。

准备用于学习的高性能计算机有两种选择：一种选择是购买硬件（高性能计算机）；另一种选择是租赁云计算服务。一般来说，如果是预定长期使用的项目，购买硬件使用的总成本会比较便宜。但在选择面向人工智能的 GPU 时，除了要购买具备必要规格的硬件，还需要具备优化操作系统等设置的高超的专业知识。

高性能的 GPU 价格动辄高达几千元甚至几万元，即使是企业，这也不是能随便购买的。另外，在日本，企业考虑申请所在城市或国家的补助金时，必须注意可以转用为其他目的的通用计算机有可能不属于补助金的对象。

最近，市面上出现了针对研究机构等销售的适用于人工智能的计算机（也叫作工作站）。这样的计算机除了搭载了高性能 GPU，还在一定程度上预先进行了操作系统等的设置。但是，这样的硬件价格往往高达几万元，而且在运用阶段和通用计算机一样，必须有专人维护。

近年来，越来越多用于人工智能学习的是可以使用 GPU 的云计算服务。由于可以只在学习期间签约，所以与购买硬件相比，设置和维护的工作大幅减少。

但是，云计算服务通常根据使用的时间和流量计费。因此，推荐通过原型验证来估算使用费用。请注意实际费用可能会比预想的费用更高。

人工智能预测的环境

学习结束后，接着使用学习完毕的模型，对实际的数据进行预测。也就是说，到了实际使用人工智能的阶段。因为预测只进行前向传播的计算，所以计算量并没有那么大。

进行预测时，存在着在靠近使用数据的地方进行处理的趋势。我们思考一下自动驾驶时从摄像头的影像中判断前方是否有人的情况。如果通过网络在云计算服务器上进行图像识别，由于某种原因导致车辆和网络之间的无线通信出现故障，进而导致数据通信失败，会出现即使前面有人车辆也无法识别的危险。这种情况当然是必须要避免的。为此，需要在车辆的某个地方设置用人工智能的图像识别进行预测的计算机。

这样计算机作为车载零件，将会受到尺寸和安装场所的限制。因此，计算机不仅需要很高的计算处理能力，还需要满足紧凑性和耐久性等条件。还有许多在利用人工智能时不允许发生一点点延迟的应用。因此，计算机需要实时性，使用者也需要在考虑了这一点之后再研究计算机的配置和网络构成等。

综上所述，虽然不像对于用来学习的计算机有那么高的要求，但是对于用来预测的计算机，需要其处理性能比市面上卖的一般计算机的性能更好。进行预测的计算机也搭载 GPU 是比较理想的。

这种在工厂内和车辆等接近现场的地方设置相对高性能的计算机，以减少对网络的依赖、防止延迟、提高实时性的计算机和网络组成的想法，叫作**边缘计算**（Edge Computing）（见图 7-15）。

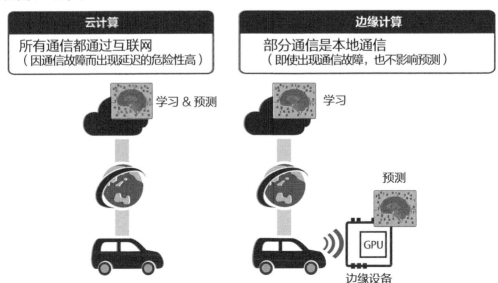

■ 图 7-15 云计算和边缘计算的区别（信息来源：日本 MediaSketch 公司）

在人工智能领域，也出现了用于在现场高速进行数据处理的边缘计算开发板（电路板）和终端。装载了高性能 GPU 的非常紧凑的产品也能用于人工智能的预测。这种面向边缘计算的终端叫作边缘设备（Edge Device）。第 7.7 节将介绍为了搭载在边缘设备上而开发的面向边缘计算的开发板。

Amazon Web Service

Amazon Web Service（AWS）是美国亚马逊公司运营的云计算服务，在云计算服务市场上常年保持着高市场份额，是 2017 年年度市场占有率最高的服务。

由于命令行等操作较多，所以为了使用 AWS，至少需要掌握 Linux 的基本命令和云计算等相关知识。在 AWS 服务中，用户可以自己构建虚拟服务器，在设定操作系统后通过自己开发的程序运行人工智能。此外，AWS 还提供了更高效地开发和运用人工智能的特有功能。

比如 AWS 提供了 Amazon SageMaker，帮助迅速构建、训练和部署（使模型处于可使用状态）机器学习模型。AWS 还提供了使用已经学习过的人工智能的功能，如进行文本分析的 Amazon Comperhend、将文本文章转换成声音的 Amazon Polly 等。关于 AWS 提供的人工智能相关功能和各功能的详细内容可参考其官方网站。

Google Cloud Platform

Google Cloud Platform 是谷歌公司提供的云计算服务。用户可以用普通的虚拟机根据使用量付费，可以通过安装 Python 和人工智能库来使用。

Google Cloud Platform 的特征在于，除了 GPU 之外，还可以使用谷歌公司为机器学习开发的专用处理器张量处理器（Tensor Processing Unit，TPU）。使用 TPU 有望大幅缩短模型学习的时间。由于其按使用时间计费，因此用户能够以相对较低的价格使用最新的 GPU 和 TPU 的非常方便的服务。

此外，使用被称为 ML Engine 的功能，可以在浏览器上以交互形式运行 Python 的 Jupyter Notebook，而无须事先安装它。使用 ML Engine，只需浏览器就可以立即开发并测试人工智能的程序。除此之外，Google Cloud Platform 还准备了面向人工智能的自然语言处理和使图像处理能够顺利进行的各种功能（见图 7-16）。

■　图 7-16　Google Cloud Platform 的界面和主菜单（截图：日本 MediaSketch 公司）

另外，Google Cloud Platform 还具有能够使用已学习的人工智能的功能。通过这个功能，可使用谷歌公司及 DeepMind 公司开发的最新人工智能技术自动调整超参数的技术（Cloud AutoML API）、将声音数据转换成文本数据的技术（Cloud Speech-to-Text API）。

Microsoft Azure

Microsoft Azure 是美国微软公司运营的云计算服务。与其他有名的服务相比，它的管理界面的接口设计得比较方便，初学者可以使用鼠标在浏览器上进行各种操作。和其他服务一样，它也可以建立虚拟服务器，并在服务器上运行人工智能程序。

它最大的特点是提供 Azure Machine Learning 服务。人们使用这个服务的 Machine Learning Studio 可视化开发工具，可以通过使用鼠标在浏览器上操作来设计机器学习的分析。除此之外，它还提供了 IoT 机器和 Web 服务的简单协作功能，提供了很多收集分析数据的便利功能（见图 7-17）。

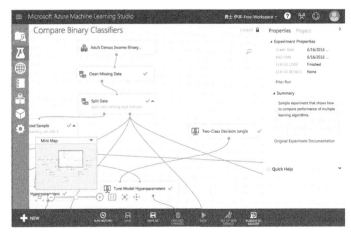

■　图 7-17　Microsoft Azure Machine Learning Studio 的界面（截图：日本 MediaSketch 公司）

IBM Cloud

IBM Cloud 是美国 IBM 公司提供的云计算平台服务，以前以 Bluemix 这个服务名提供面向开发者的平台服务，在 2017 年 11 月将服务名变更为 IBM Cloud。它的特点是可以利用由 IBM 公司开发的擅长自然语言处理的 **Watson** 服务（见图 7-18）。因而，很多用户为了能简单地使用翻译和语音识别功能而使用 IBM Cloud。

一般的云计算服务在试用时有使用期限限制。但是，IBM Cloud 有无须注册信用卡也可使用的免费方案，而且没有使用期限限制。虽然仍有一些其他限制，但是几乎所有的功能都可以免费使用。因此，用户可以不用在意使用期限，轻松地尝试 IBM Cloud 的各种功能（2019 年 2 月的信息）。

■ 图 7-18 IBM Cloud 的创建服务界面（截图：日本 MediaSketch 公司）

SAKURA Cloud

SAKURA Cloud 是日本企业 SAKURA Internet 提供的云计算服务。因为是日本的企业在运营，所以有日本企业使用和提供技术支持的实际经验。

因为它的虚拟服务器可以按使用时间计费，所以用户能够以最低的成本构建 Linux 服务器，通过安装 Python 和人工智能库来执行机器学习程序。

另外，SAKURA Cloud 还为机器学习提供了名为高火力服务器的服务器租借服务，用户能够以小时为单位，以从 349 日元（约为 20.48 人民币）起的价格使用高性能 GPU，如 NVIDIA Tesla P40 等（2019 年 4 月的信息）。

Neural Network Console

Neural Network Console 是索尼网络通信（Sony Network Communications）公

司提供的学习、评估用的深度学习工具。与一般的云计算服务不同，它最大的特征是不需要编程就可以建立深度学习模型，并对模型进行学习和评估。

它包含从浏览器利用服务的云版和在 Windows 操作系统上作为应用软件使用的 Windows 版这两个版本。在这个工具中，用户通过用鼠标将表示神经网络的输入层和中间层（隐藏层）、输出层、激活函数等模块连接起来创建模型，之后指定要读取的数据并执行（见图 7-19）。用户可以通过图形来确认损失值和正确率的变化。免费方案有使用限制，不过，如果签约了收费方案和企业方案，就可以使用 GPU 了。

■ 图 7-19 Neural Network Console 的模型编辑界面（截图：日本 MediaSketch 公司）

Google Colaboratory

Google Colaboratory 是谷歌公司提供的学习机器学习技术的服务（2019 年 4 月的信息）。只要有谷歌公司的账号，就可以免费使用这个服务。使用 Python 的 Jupyter Notebook，在浏览器上编写并执行交互形式的程序代码后，可以在浏览器上确认其执行结果（见图 7-20）。

由于它是免费服务，所以可以利用的资源是有限制的，但是即使这样也是可以使用 GPU 和 TPU 的，可以使用它在相对短的时间内测试卷积神经网络等在普通的个人计算机上耗时很长的机器学习算法。

这是一个非常方便的服务，无须自己准备和构建环境即可试验人工智能的示例程序和原型。开发的程序除了可以从菜单上下载外，还可以借助云存储服务 Google Drive，从 Google Drive 读取数据或写入数据到 Google Drive。但是由于 Google Colaboratory 的使用时间等限制，在实际业务中使用它时，需要使用 Google Cloud Platform 等收费服务。

Google Colaboratory 的官方网站：

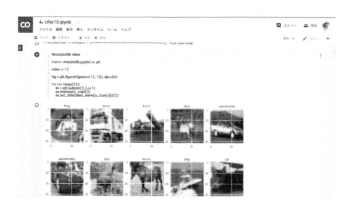

■ 图 7-20　在 Google Colaboratory 的 Jupyter Notebook 上显示 Cifar-10 的图像的界面（截图：日本 MediaSketch 公司）

> ## 到底应该如何选择平台？ MEMO
>
> 　　第 7.6 节介绍了各平台的特点。一旦在某个平台上发布了服务，之后迁移到其他平台不仅会产生麻烦和成本，还真是费力气。想到这些，想必大家对这么多平台的选择会不知所措。到底应该选择哪个平台呢？
>
> 　　针对这个问题，笔者以为可以根据不同的阶段选择不同的平台。例如，在个人学习的阶段，重要的是不要花费成本，能够快速使用。从这个意义上来说，笔者推荐可以免费、立即使用的 Google Colaboratory。另外，虽然不能编程，但是对于想尝试各种服务的人来说，Neural Network Console 也是不错的选择。
>
> 　　如果对环境搭建（Python 的运行环境和模块的安装）有信心，可以在个人计算机上搭建运行环境。如果要开发具有一定规模的程序，在计算机上安装 PyCharm 等开发软件也许会便于开发和调试。
>
> 　　但是，既然要运行机器学习，建议大家准备高性能的计算机。高性能的 GPU 不是必需的，大家可以实际地去感受下没有 GPU 的情况下模型学习需要多长时间，这也是一种学习。
>
> 　　在原型验证阶段，建议大家先尝试各个平台。虽然很多平台的功能有限制，但是在试用期内可以免费试用。
>
> 　　如果想尽量避免输入指令等操作的话，建议使用 Microsoft Azure，但是每个人适合什么平台因每个人的知识构成和平台的使用方法而异，所以多试试各个平台，寻找最适合自己的，这也有助于自己的学习。
>
> 　　但是，实际在企业选择平台时，这就与个人意愿无关了，有时会根据企业的方针和顾客的情况等来选择平台。这种情况下，请遵循企业选择的环境。
>
> 　　另外，因平台的不同，可以利用的已学习的人工智能 API 也有所不同。在 IBM Cloud 中可以使用 Watson 引擎的 API，实际上也有很多企业以此为理由采用了 IBM Cloud。如果是 Google Cloud Platform，可以利用谷歌公司和 DeepMind 公司的技术人员开发的 API。请基于这些特点，结合成本和后期维护等进行综合的判断。

7.7 硬件和平台

人工智能和 CPU 的关系

读过第 5 章、第 6 章后,我们应该知道通过深度学习来进行诸如图像识别等处理时,在人工智能的学习过程中需要进行大量的计算。

这里以开发判断摄像头影像中是否有人的人工智能为例进行说明。如果是监督学习,首先要使用学习数据进行学习。之后使用已学习的模型对实际的影像做预测,判断是否有人。如果在学习过程中使用神经网络,需根据第 6 章介绍的前向传播和反向传播对权重进行修正。如果学习数据有 10 万份,学习 100 次,这就相当于一共要学习 1000 万份的数据。仅一次学习中计算使用的参数就有数百万的规模,所以很容易想象计算量会有多么巨大。因此,一般来说,在学习中性能处于瓶颈的是 CPU 的处理能力。

在人工智能的开发中,具有高性能配置的处理器的计算机是必须的。比如用某台计算机训练人工智能,需要 30 天的学习才能达到目标精度。如果学习效率能提高到原来的 2 倍,那么学习所需的天数可能会缩短到 15 天以内。15 天可是非常大的差距。

另外,在使用已学习的模型判断实际图像时,没有必要像学习的时候那样需要那么高性能的处理器。

人工智能和 GPU 的关系

GPU 是 Graphics Processing Unit 的简称,顾名思义是图形(图像)处理专用的处理器,特别是在进行 3D 图形显示所需的计算时使用的是 GPU 而不是 CPU。

最近大部分个人计算机都搭载了 GPU。尤其是为了显示 3D 游戏和虚拟现实(Virtual Reality,VR)的计算机搭载了一般的计算机上不会搭载的高性能 GPU。

GPU 原本是为了处理 3D 图形而设计的,所以非常擅长浮点和矩阵的计算。因为人工智能也会进行很多同样的计算,所以 GPU 比 CPU 更适合人工智能的计算。在 21 世纪初,世界进入了第三次人工智能浪潮,GPU 没有因图形计算,而是因人工智能计算导致需求急速增加。将 GPU 用于图形计算以外的用途的技术叫作通用图形处理器(General Purpose Computing on GPU,GPGPU)(见图 7-21)。

在企业的项目中进行图像识别等深度学习模型的学习时,现在一般会用超高性能 GPU 计算,大幅缩短学习所需的时间。正如已经在新药研发领域常常见到的一样,有的企业为了开发人工智能,与实力强的 IT 企业进行业务合作共同开发的事例也不少见。最新的高性能

GPU 非常昂贵，中小企业不能说买就买。

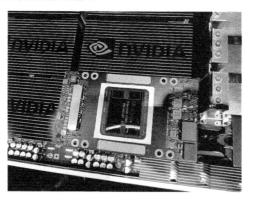

■ 图 7-21　面向人工智能的计算机"NVIDIA DGX-2"上搭载的 GPU "Tesla V100"（信息来源：日经 xTECH 杂志）

比如搭载了美国 NVIDIA 公司的名为"Tesla V100"的 GPU 的销售价格在 100 万日元以上（2019 年 2 月的信息）。

即使只有一块搭载 GPU 的显卡，也比 CPU 计算得更快。近年来 CPU 通常搭载了被称为多个核心计算的部件，多个核心通过并行计算实现了高速化。这种结构被称为多核。

同样，GPU 的多核结构也已普及，常常搭载比 CPU 更多的核心，比如前面提到的 Tesla V100 搭载了 640 个核心。一般来说，GPU 核心的数量越多越容易实现高速化，不过其他影响性能的原因还有很多，所以不一定只靠核心的数量就能决定处理能力。

另外，如果 GPU 本身也有多个，就可以更快地处理。为了实现这个目标，一台计算机中会搭载多块搭载了 GPU 的显卡。NVIDIA 公司销售的面向人工智能的计算机"NVIDIA DGX-2"上实际就搭载了 16 个 GPU（Tesla V100）（2019 年 4 月的信息）[1]。但是，这种级别的硬件已经不是面向个人销售的，而是面向企业和研究机关销售的，价格相当高，企业和研究机关还要通过销售代理店购买。由于它没有固定的价格，这里给出一个参考价格，DGX-2 的促销价格是 399 000 美元[2]。

如果很难做出高额的初期投资，用户可以使用各公司的云计算服务提供的按使用时间计费的搭载高价格 GPU 的虚拟服务器。

使用这样的服务，每个月花上几万元就能用上最新的高性能 GPU。有些时候，短时间内会出现新的 GPU，性能会得到急剧提升。就算买的是当时最快的 GPU，几年后其性能可能大不如新款。因此，有很多企业不买 GPU，而是向云服务公司租用所需的 GPU。

在回顾 GPU 开发的历史时，NVIDIA 公司是不能不提的。美国半导体厂商 NVIDIA 从

20 世纪 90 年代后期开始引领了各种 GPU 的开发。

进入 21 世纪 10 年代后，随着深度学习对 GPU 需求的增加，NVIDIA 公司开发了面向人工智能的高性能 GPU、面向边缘计算的 GPU、面向自动驾驶的 GPU 等产品。NVIDIA 公司还进一步地开发并提供了使该公司销售的 GPU 与内存和人工智能程序无缝衔接、便于开发者开发的 **CUDA**（Compute Unified Device Architecture）计算平台。

虽说是平台，CUDA 却并不是互联网服务，而是安装在计算机上的驱动程序、库等一系列软件。CUDA 提供了使 NVIDIA 公司的 GPU 为操作系统所识别的驱动程序和从程序使用 GPU 的库，是在人工智能中使用 NVIDIA 公司的 GPU 所必需的平台。如果在 Python 中用 TensorFlow 进行计算要用到 GPU，需要事先在操作系统上安装 CUDA 的软件和驱动程序，设置启动选项后运行它。

ASIC 和 TPU

专用集成电路（Application Specific Integrated Circuit，ASIC）是为特定用途而开发的集成电路的总称。全世界有各种用途的 ASIC，其中面向机器学习的 ASIC 的开发非常活跃。

其中常见的是谷歌公司于 2016 年开发的机器学习专用 ASIC——**TPU**。谷歌公司旗下的 DeepMind 公司开发的围棋人工智能 AlphaGo 用到了 TPU，除此之外，TPU 还被用于谷歌的各种人工智能服务。TPU 除了可以在 Google Cloud Platform 上使用之外，还可以在 Google Colaboratory 上使用，不过有一些使用限制（见图 7-22）。

■ 图 7-22 搭载了 TPU 的板卡和服务器（信息来源：日经 xTECH 杂志）

此外，有 CPU 等开发经验的英特尔、富士通、阿里巴巴、华为、Preferred Networks 等公司也开发了深度学习专用处理器，预计今后这个领域的竞争会变得更为激烈 ❸。

面向边缘计算的板卡

前面已经讲过，边缘计算指的不是在数据中心，而是在工厂和汽车等使用者近距离的位置设置高性能计算机，尽可能在靠近利用者的地方进行处理。它不仅能防止延迟、实现实时性，还可以减小通信线路和云计算服务器的负担。

基于边缘计算的思想，将设置在靠近使用者位置的小型且具有高性能处理能力的计算机叫作**边缘设备**。人工智能的学习大多是在云平台上的高性能服务器上进行的，但是如果是在预测运算中使用已学习过的模型，也可以在边缘设备上进行。为了让边缘设备也能实现实时预测，人们正在开发机器学习用的边缘板卡。

NVIDIA 公司发布了 **Jetson TX2** 嵌入式 GPU 模块板卡，它不仅搭载了 NVIDIA 公司开发的 Pascal 品牌的 GPU，还实现了低功耗的性能，可以搭载在照相机、机器人等各种边缘设备上（见图 7-23）。

■ 图 7-23　Jetson TX2 板卡（信息来源：日本 MediaSketch 公司）

NVIDIA 公司还发售了 **Jetson Nano**，旨在于 2019 年在数百万计的设备上搭载人工智能（见图 7-24）。Jetson Nano 虽然只有人的手掌般大小，但是搭载了 128 个高性能 GPU，价格为 12 312 日元（2019 年 4 月的 switch science 电商网站上的销售价格），它实现了低价格，可以说它是真正的低价格的边缘板卡（见图 7-25）。

名片大小

■ 图 7-24 Jetson Nano（信息来源：日本 MediaSketch 公司）

■ 图 7-25 发布 Jetson Nano 的 NVIDIA 公司首席执行官黄仁勋（信息来源：日经 xTECH 杂志）

另外，谷歌公司从 2019 年开始销售搭载 TPU 的板卡 Coral Dev Board。这款产品也是为了搭载在边缘设备上而开发的，不仅小巧、省电，而且与同样的小型板卡相比，其对机器学习的处理速度也相对更快。

今后，随着使用 IoT 的服务和人工智能应用的普及，想必面向机器学习的边缘板卡和处理器模块会不断被开发出来。

参考文献

❶ NVIDIA DGX-2（中文）
nvidia 网站

❷ 日经 xTECH "NVIDIA 的 GPU 超级计算机 DGX-2 的亮点"（日文）
nikkeibp 网站

❸ 日经 xTECH "谁统治了面向服务器的 AI 芯片？"（日文）
nikkeibp 网站

AI 技术篇

8第章

人工智能的最新技术——

今后的人工智能

本章介绍为了在各种场合应用深度学习而被设计的方法。这些都是具有划时代意义的方法，相信利用这些方法会不断产生新的人工智能，产生新的价值。

但是这些方法的详细内容非常难以理解，如果介绍其原理将会超出本书的篇幅。因此，本书只介绍它们的概要内容。对于想更详细地了解这些方法的读者，请阅读相关参考文献。

第1章

2

第3章

第4章

第5章

第6章

第7章

第9章

第8章

人工智能的最新技术——今后的人工智能

8.1 循环神经网络

循环神经网络（Recurrent Neural Network）主要是用于分析时间序列等数据的神经网络。有时取其英语的首字母，简称其为 RNN。

循环神经网络是 David E. Rumelhart 等人在 1982 年提出的。他们以在神经网络中存储学习的计算结果的历史，然后在下一次学习时输入上一次结果的循环型学习（把结果作为下一次学习的输入）的想法为基础进行设计❶。基于这种想法的所有神经网络模型叫作循环神经网络。

循环神经网络的特点

这里对基本的简单循环神经网络（Simple RNN）进行介绍。首先，为了直观地理解循环神经网络擅长什么样的分析，我们先来看看例子。

每天测量工厂内的平均气温，得到下面的气温数据。

16.0 ℃, 20.0 ℃, 24.0 ℃, 16.0 ℃, 20.0 ℃, 24.0 ℃, 16.0 ℃, 20.0 ℃, 24.0 ℃, □℃。

下面预测□是几。观察这些数字，发现整体上存在着在 16～24℃每天上升 4℃后、再次回到16℃的趋势。而且，紧挨着□的前面的温度是 24℃。因此，预测□大概率是 16.0。

同样，循环神经网络也会考虑到之前的变化趋势和与前一个数据之间的关系来预测下一个数值。也就是说，循环神经网络擅长分析随着时间的流逝而变化、根据前一个状态可以预测下一个状态的**时间序列数据**。具体来说，循环神经网络经常被用于分析温度、声音、文章等有规则性、长度不定、经常变化的数据。

循环神经网络与普通的神经网络很不一样的一点是它拥有**隐藏状态**参数。可以说这个隐藏状态就是学习的历史。

循环神经网络中的计算

接下来，我们看看在循环神经网络中要进行什么样的计算。图 8-1 是认知科学专家

Jeffrey L. Elman 在论文中发表的被称为 Elman 神经网络的模型的计算 ❷。

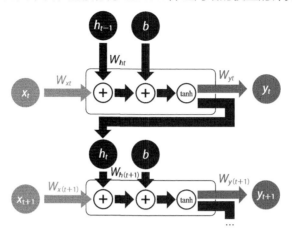

■ 图 8-1 Elman 神经网络的模型的计算（信息来源：日本 MediaSketch 公司）

在一般的神经网络的前向传播计算中，输入 (x) 乘权重 (W_x) 后，与偏置 (b) 相加。对计算结果应用激活函数得到的结果就是输出 (y)。

而在循环神经网络中，输入 (x) 乘权重 (W_x) 后，先与隐藏状态的参数 (h) 和隐藏状态用的权重 (W_h) 相乘的结果相加。图 8 1 中的 t 表示的是某个时间。此时隐藏状态的参数是前一个状态的计算结果。也就是说，该隐藏状态将前一次的计算结果作为输入使用。

因此，在某个时间点 t 的隐藏状态参数使用前一个状态即 $t-1$ 时计算得到的参数，以数学表达式表示为 h_{t-1}。

综上所述，在某个时间点应用激活函数之前，中间层（隐藏层）的计算如下所示。

$$x_t \times W_{xt} + h_{t-1} \times W_{ht} + b$$

将这个计算结果输入激活函数（很多有关循环神经网络的论文都把 tanh 函数作为最佳的激活函数来使用），激活函数的输出结果将在下一个计算中被用作隐藏状态的参数 (h_t)。

$$h_t = \tanh\ (x_t \times W_{xt} + h_{t-1} \times W_{ht} + b)$$

另外，传递给下一层的输出结果 (y_t) 并不是直接输出的，而是要乘输出值的权重 (W_{yt})（有时要另外加上输出用的偏置）。

y_t 的计算表达式如下所示。

$$y_t = h_t \times W_{yt}$$

$$= \tanh\ (x_t \times W_{xt} + h_{t-1} \times W_{ht} + b) \times W_{yt}$$

如上所述，在循环神经网络中，输入、输出、隐藏状态都有各自的权重。

在学习时，循环神经网络与普通的神经网络同样地使用损失函数计算误差，进行反向传播计算，更改权重，使误差变小。

循环神经网络对将数据按一定数量汇总后的数据组进行学习。比如，将 1000 个数据按每 50 个数据一组来学习（见图 8-2）。在这个例子中，第一份输入数据是第 1 ~ 50 个数据的数据组，下一份输入数据是第 2 ~ 51 个数据的数据组。因此，输入层的数量有 50 个。

这时，模型通过分析 50 个数据组的趋势来学习。如果数据组的个数太少，模型会对小的变化敏感，容易受到噪声的影响；如果数据组的个数太多，又只能学习大概的趋势，有可能学习不到足够的变化。因此，指定汇总多少个数据进行学习的数据组个数会影响精度，它是非常重要的参数。

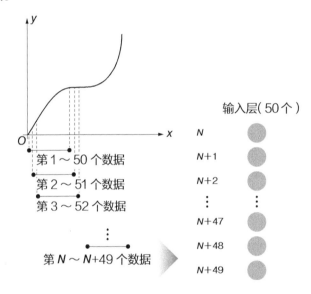

■ 图 8-2 循环神经网络的数据组和输入数据之间的关系（信息来源：日本 MediaSketch 公司）

使用循环神经网络的分析示例

以下面的数据为例，我们使用循环神经网络分析其数据趋势（见图 8-3）。

我们可以将该数据看作气温、声音等时间序列数据（这些数据实际上在符合 $y = \sin(x)+\cos(x/2)$ 的数学表达式的数据中混入了 ± 0.1 的噪声）。数据总数是 1000 个，其中抽出 50 个数据作为数据组，模型以数据组为单位计算误差来学习。学习结束后，进行预测的测试。测试时只提供最初的 50 个数据，用循环神经网络预测下一个数据的值（见图 8-4）。具体来说，根据第 1 ~ 50 个数据预测第 51 个数据，根据第 71 ~ 120 个数据预测第 121 个数据。

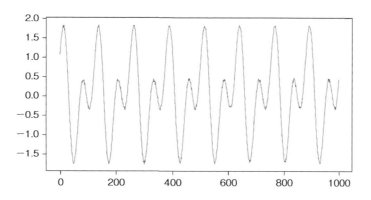

图 8-3 使用 RNN 分析的原数据（信息来源：日本 MediaSketch 公司）

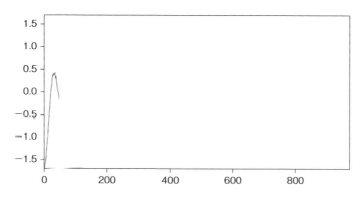

■ 图 8-4 预测时投入的初期数据，预测其后出现的数据的值（信息来源：日本 MediaSketch 公司）

在循环神经网络的模型中，输入层的数量为数据组中数据的个数为 50。由于要预测下一个数据的值，所以输出层的数量为 1（见图 8-5）。中间层的数量是由人来决定的超参数，此次设为 20。

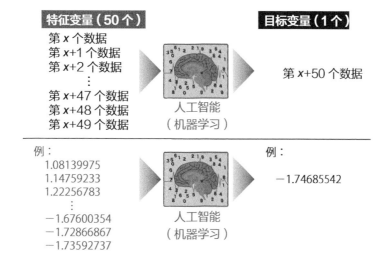

■ 图 8-5 循环神经网络的模型（信息来源：日本 MediaSketch 公司）

对这个模型进行200次左右的学习（损失函数是均方差，优化函数使用RMSprop）。之后，预测出的数据趋势与原学习数据如图8-6所示。

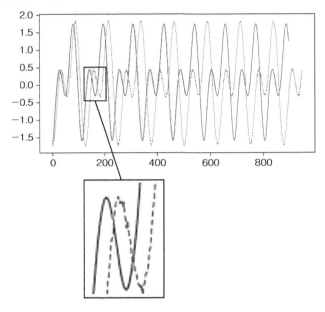

■ 图8-6　使用RNN预测出的数据趋势与原学习数据（信息来源：日本MediaSketch公司）

将学习数据和预测数据比较来看，虽然周期有一些偏差，但是可以看出预测数据与学习数据呈现了相同的趋势。另外，可以看出预测数据中噪声的影响消失了，噪声被很好地去除了。

这个例子只不过是预测了非常简单的趋势而已。但是，通过分析这种随着时间变化的趋势，不仅可以预测今后的变化，还可以根据与预测的趋势之间的差值来检测异常。

LSTM

简单循环神经网络只能对特定周期进行趋势分析。但是，实际的数据有短期的趋势，也有长期的趋势。比如，气温的变化有一天内随时间变化的趋势，也有一年内随季节变化的趋势。这种能对长期和短期两种趋势进行分析的，简单循环神经网络改良后的方法就是LSTM（Long Short Term Memory），直译为长短期记忆。

简单循环神经网络的隐藏层的激活函数是tanh函数。LSTM将其替换为更复杂的逻辑电路（见图8-7）。

在简单循环神经网络中，h被用作识别状态的参数，而LSTM在h的基础上增加了被称为单元状态的参数（C），它用这两个参数来分析长期和短期两个角度的趋势。

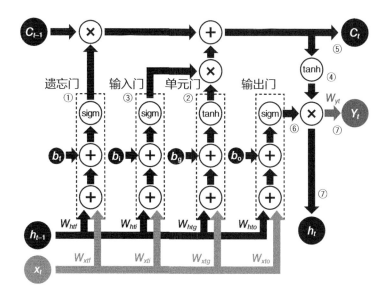

遗忘门①　输入门③　单元门②　输出门

■ 图 8-7　LSTM 的逻辑电路（信息来源：日本 MediaSketch 公司）

在整体上，LSTM 使用输入 (x) 和隐藏状态的步数 (h) 来控制单元状态 (C)。LSTM 准备了 4 个控制门：遗忘门、输入门、单元门和输出门。每个门都有输入值和隐藏状态的权重。此外，每个门也有偏置。

遗忘门、输入门、输出门这 3 个门都使用了 Sigmoid 函数，输出值必定是 0～1 的值，所以使用它们来控制单元状态。

首先，遗忘门（见图 8-7 中①）决定要使用多少个前面的状态。如果此处的输出为 0，则上一个单元状态将完全不影响输出。通过单元门（见图 8-7 中②）的输出对上一个单元状态添加新信息。控制它的输入的是输入门（见图 8-7 中③）。最后，对单元状态的计算结果应用 tanh 函数，结果作为输出值（见图 8-7 中④）。应用 tanh 之前的数值是下一个单元状态的输入（见图 8-7 中⑤）。控制输出值的是输出门（见图 8-7 中⑥）。

受输出门控制的结果为最终输出值 (y) 及下一个隐藏状态（见图 8-7 中⑦）。

将来的循环神经网络

有数据表明，LSTM 提高了语音识别和翻译等处理的精度，被实际地应用在很多事例当中。

现在，为了有效地学习各种周期的趋势，人们正在设计新的逻辑电路，期待着今后我们能轻松分析各个领域的复杂的时间序列数据。

不仅仅是预测，如果 RNN 也能用于异常检测的话，说不定可以用于故障的预测和事故的预防等场景。在对建筑和桥等建筑物做劣化预测时，人们经常用到声音的反射。今后在如何高效安全地管理这样大的建筑物这一点上，LSTM 的应用备受期待。

8.2 强化学习的历史和 DQN

第 5.5 节介绍了强化学习的概要。如果可以用数值自动测量人工智能预测的精度，而且能自动反馈误差，就可以通过强化学习自动提高人工智能的精度。对于监督学习，需要在学习数据的准备上耗费大量人力，所以最近使用强化学习进行人工智能的研究非常热门。

下面介绍在强化学习中进行的计算。

马尔可夫决策过程

如今的强化学习是基于被称为马尔可夫决策过程（Markov Decision Process，MDP）的想法而设计的。马尔可夫决策过程是利用概率来计算采取什么行动才能尽快接近理想状态的想法，被用于控制工程和经济学等领域。

在马尔可夫决策过程中，为了计算最佳行动，使用 S、a、P、R 这 4 个符号来表示状态迁移。

下面看一个具体的例子，请思考图 8-8 中所示的迷宫问题。

现在玩家在起点，以终点为目标移动。表示玩家所处位置的状态为 S，将处于起点的状态表示为 S_1，玩家要抵达终点必须移动。将

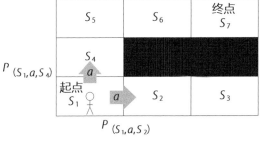

■ 图 8-8　迷宫问题（信息来源：日本 Media Sketch 公司）

为了迁移到下一个状态而采取的行动表示为 a。将执行行动 a，状态从 S 变成 S' 的概率表示为 $P_{(S, a, S')}$。

在这个迷宫里，处于状态 S_1 时，可以执行的行动 a 有 2 个："向上移动"或"向右移动"。如果采取每个行动的概率相同，则有从 S_1 迁移到 S_4 的概率 $P_{(S_1, a, S_4)} = 0.5$，从 S_1 迁移到 S_2 的概率 $P_{(S_1, a, S_2)} = 0.5$。

马尔可夫决策过程中包含报酬这个概念。报酬表示执行 a，从 S 变成 S' 时能得到的报酬，表示为 $R_{(S, a, S')}$。

具体报酬的内容因解决的问题不同而不同。对于这个迷宫问题，只有到达终点才能得到 100 分的报酬。

由于抵达终点的迁移只有 S_6 到 S_7，所以只有 $R_{(S_6, a, S_7)}$ 是 100 分，其他迁移的报酬全部是 0 分。

在这种情况下，只要尝试所有的行动模式，就可以知道实施什么样的行动能以最短距离得到高报酬。

人工智能同样会尝试各种各样的行动模式，找到距离最短而报酬最高的行动模式。但是，尝试所有的行动模式要花很多时间，这是不现实的，所以要想些方法去尝试。至于具体的方法，后面会详细说明。

在人工智能的强化学习中，如何设计报酬的值也是非常重要的。由于采取的行动是为了使报酬变高，所以如果报酬的高低与现实世界的价值不成比例，即使人工智能再优秀，也不是人想要的结果。

总而言之，以最少的行动获得最高的报酬是最好的战略。

这种根据状态 S、行动 a、行动概率 $P_{(S, a, S')}$、报酬 $R_{(S, a, S')}$，分析采取什么样的行动是最佳方案的方法就是马尔可夫决策过程。

Q 学习

前面用简单的迷宫例子说明了马尔可夫决策过程，但在现实中要解决的问题更为复杂。比如更加复杂的迷宫，乍看之下似乎已接近终点，但其实身处离终点还很遥远的地方。或者要测试所有的行动模式需要耗费非常长的时间，这么做是不现实的。因此，Chris Watkins 提出了对学习中途的状况是好是坏做出判断，将其结果作为临时报酬的学习方法[❸]，那就是 Q 学习。

Q 学习将人工智能学习中途的状态期待值设为 Q 值。Q 值指的是处于某个状态下，在将来可能获得的报酬的最大值。不过就迷宫例子来说，无论在哪个状态最终都会到达终点，所以将来可以获得的报酬的最大值都是 100 分。

但是，Q 值还有"折扣率"的含义，能不能得到预期的报酬是不确定的。因此，到领取报酬之前的行动越多折扣就越多，从报酬中去掉折扣之后的数值就是 Q 值。折扣率被设置为 0～1 的数值，它与最大报酬相乘。离终点越远折扣率越接近 0，Q 值越小。

如果在所有的状态下都像这样计算当时的 Q 值，就可以知道各个状态下的期待值，然后可以判断采取什么样的行动更好。但在这种情况下需要注意的是，期待值只不过是推测值。期待值有时表示的是"概率"，所以即使 Q 值高，也不一定能以距离最短获得高报酬。

为了更准确地确定与结果息息相关的精度高的 Q 值，人们设计了各种各样的方法。下面介绍的 Deep Q-Network 也是其中之一。

DQN

2014 年，美国谷歌公司旗下的英国 DeepMind 公司获得了一项利用神经网络的专利，该专利内容是使用 Q 学习从图像中判断要采取的适当的行动[●]。

这项专利中记载的模型是 Deep Q-Network，简称 DQN。

DeepMind 公司通过使用这种方法让人工智能学习 Atari 2600 的游戏，成功地在多个游戏中超越了人类玩家的水平。Atari 2600 是美国 Atari 公司在 1977 年开发的家用游戏机，销量超过了 1500 万台。在人工智能领域，Atari 2600 常常被用于实验。

DQN 基于 Q 学习进行强化学习。首先，在表示某个时间 t 的状态 S_t 的数据中，直接使用游戏界面的图像数据。

在 DQN 出现之前，其他模型只能处理有限的信息量，所以输入值是玩家的坐标等几种数字数据。与之相对，DQN 将界面作为图像输入，利用卷积神经网络等判断各种情况，以能采取适当的行动为目标。

行动 a_t 是可以在游戏中运行的指令。也就是说，模型要做的是判断在某个界面 (S_t) 执行什么样的指令 (a_t) 更好。DQN 正是利用深度学习创建能正确对这种问题做出判断的深层神经网络模型（见图 8-9）。

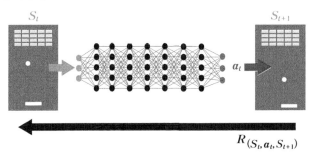

■ 图 8-9 DQN（信息来源：日本 MediaSketch 公司）

DQN 的输入为游戏界面的图像数据。如果界面图像为全色 320 像素 ×480 像素，输入层就有 3×320×480=460 800 像素。

输出层输出游戏内可执行的指令中哪个最适合的概率。拿打砖块游戏为例，可执行的指令有"向右移动""向左移动""什么都不做"3 个，输出层要做的就是输出各个指令的概率。

如果计算结果表明"向右移动"的概率值最大，则实际对游戏执行该指令。执行后游戏的状态会变成新状态 S_{t+1}，然后计算可判断这个 S_{t+1} 是好状态还是坏状态的 Q 值。

最后，将 Q 值反馈给神经网络，并根据该值更新权重和偏置等参数。这样就完成了一个画面的学习。接着，用同样的模型计算在 S_{t+1} 状态时应该采取什么样的行动（见图 8-10）。

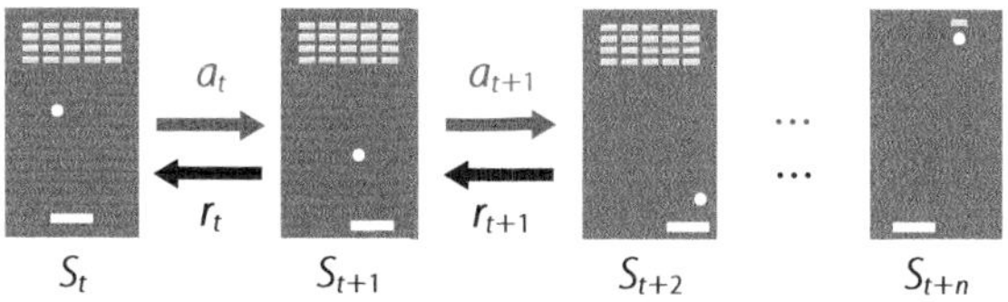

■ 图 8-10　DQN 中的状态迁移（信息来源：日本 MediaSketch 公司）

这样重复几千次、几万次，不久就能得到无论在怎样的状态下都能做出适当的判断并采取行动的模型。DQN 就是这种使用深度学习基于状态计算要采取的行动的方法。

DQN 中卷积神经网络的应用

让人工智能分析视频游戏时，最难的是将什么作为输入值。DQN 将界面图像数据设为 S_t，将其作为输入值。但这种做法有问题：界面中图像的每个像素的状态的模式有无数种。人工智能即使努力学习了，学习到的情况也只是整体的一小部分，对大部分情况还基本上是未知的状态，这样得到的结果也很理想。

因此，DQN 模型大多采用卷积神经网络（关于卷积神经网络的详细内容，可参考第 6.4 节）。

采用卷积神经网络后，网络不再关注界面上具体的某一点的差异，而是通过过滤器发现从画面影响预测精度的特征。基于这些想法，我们不仅可以实现能玩像国际象棋那样模式有限的游戏的人工智能，也可以实现能在像射击游戏那样拥有无数模式的游戏中判断状况的人工智能。

8.3　AlphaGo 和 AlphaGo Zero

AlphaGo 由 DeepMind（2010 年创业，2014 年被谷歌公司收购。因此，现在多称为 Google DeepMind）公司开发，是第一个在 2015 年战胜人类职业棋手的围棋人工智能程序。

以前，人们都说计算机是不可能战胜人类围棋选手的，然而在将基于深度学习的各种技术引入人工智能后，人工智能终于战胜了人类。它成为了人们认为人工智能取得进展的非常重要的案例。

关于 AlphaGo 还有很多没有发表的技术，现在我们还不了解其全部原理。但是，它的基本思想已作为论文刊登在国际综合性学术期刊《自然》上，下面对其内容进行介绍❸。

为什么 AlphaGo 这么厉害

在 AlphaGo 之前，人们也开发了各种桌游的人工智能程序，并研究这些程序能否在与人类职业选手的对决中获胜。有名的例子有美国 IBM 公司开发的国际象棋人工智能——深蓝；保木邦仁在 2005 年公开了后来成为日本将棋人工智能程序基础的 **Bonanza** 等，创造了与人类无让子对局并取胜的历史。

但是，要开发出能和人类比拼的围棋人工智能程序是很难的，原因是围棋的步数太多了。下面是几种棋类在开始比赛后对战双方的总步数对比：国际象棋约 400 步，日本将棋约 900 步，而围棋约 129 960 步。那么即使从围棋的残局开始比赛，总步数也不是计算机所能模拟的。

实际上在 2015 年之前，计算机围棋程序连业余的强手都赢不了，不具有和职业棋手无让子对局的实力。那时，人们都说计算机要想胜过围棋职业棋手，至少需要 10 年以上的时间。

然而，在 2016 年 3 月，AlphaGo 与当时世界排名第 4 的韩国职业棋手李世石（Lee Sedol）进行了 5 场无让子对局，最终以 4 胜 1 负获胜（见图 8-11，此时与职业棋手对战的 AlphaGo 是第 2 代，名为 AlphaGo Lee）。

■ 图 8-11 AlphaGo 与李世石对局时的情景（信息来源：Google）

之后，在 2017 年 5 月，AlphaGo 和当时世界排名第一的中国职业棋手柯洁对战，以 3 连胜完胜柯洁（此时与职业棋手对战的 AlphaGo 是第 3 代，名为 AlphaGo Master）。

由于这件事，全世界对 AlphaGo 的评价发生了很大的变化。这时，在围棋领域人工智能已能与人类并驾齐驱，实际上在围棋棋手的世界排名中，AlphaGo 曾排到过第二位的位置（由于现在 AlphaGo 已不再与人对局，所以其排名已被剔除）。

AlphaGo 的算法和技术

其实，在 AlphaGo 出现之前，人们有这样一个共识：不管是日本将棋还是围棋的程序在初期阶段都很弱。这是因为在初期阶段可以走的棋实在太多，而且到终局为止的步数也太多，通过计算很难预测棋局的形势变化。与之相对，AlphaGo 引入了各种算法，在围棋的初期阶段就能和人类势均力敌。这些算法是策略网络、价值网络、蒙特卡洛树搜索。

AlphaGo 使用策略网络选择下一个候选走法，使用价值网络判断局面的形势（黑、白方哪个更容易获胜）。然后基于这两个网络的信息，使用蒙特卡洛树搜索并模拟之后的棋局，选择最终获胜概率最大的走法（见图 8-12）。

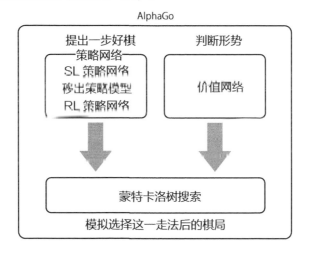

　　■　图 8-12　AlphaGo 的结构（信息来源：日本 MediaSketch 公司）

另外，在策略网络和价值网络上，整体使用深度学习进行着各种预测，但是经常使用卷积神经网络和 DQN 等技术。AlphaGo 是新技术的结晶。

策略网络

策略网络指的是输出下一个候选行动的神经网络的模型。实际上在 AlphaGo 出现的时候，大家在网上议论 AlphaGo 进行的学习是监督学习，还是强化学习。

正确答案是"二者都有"。

AlphaGo 的学习其实大致可分为两个阶段。在第一阶段，通过监督学习创建 SL 策略网络（Supervised Learning of Policy Networks），预测如果是人类的顶尖棋手下一步会在哪里落子。在第二阶段，通过在人工智能之间对决的强化学习，创建 RL 策略网络（Reinforcement Learning of Policy Networks），该网络显示出通过采取哪种走法取胜的概率会变大。

RL 策略网络可以说是 SL 策略网络的强化版，而 SL 策略网络也用于蒙特卡洛树搜索。二者发挥各自的优点，合力选出最好的走法。

创建 SL 策略网络

最早期的 AlphaGo，为了从人类学习一定程度的围棋知识，通过**监督学习**创建了 SL 策略网络。此时的学习数据是名为 KGS Go Server 的互联网围棋对战服务的棋谱（见图 8-13）。每天有许许多多的人通过网络在这个服务上进行大量的对局。

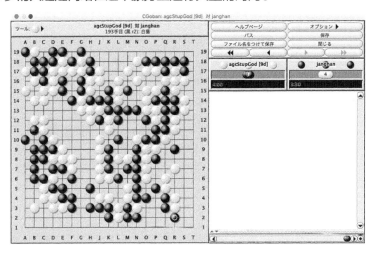

■ 图 8-13　KGS Go Server 上的对局棋谱，对局软件是官方客户端 CGoban（信息来源：日本 MediaSketch 公司）

AlphaGo 从这个服务的棋谱中学习了 3000 万左右的盘面，然后预测人的走法。不过由于学习业余玩家的对局的意义不大，所以 AlphaGo 只采用 KGS Go Server 服务认定的有一定段位的高水平棋手对局的棋谱作为学习数据（KGS Go Server 是顶级职业棋手也会匿名参加的围棋界有名的对局服务）。

也就是说，SL 策略网络要创建的是模仿各位有实力棋手的"虚拟职业棋手"。下面说说具体怎么做。在某个盘面的状态下，AlphaGo 根据这个状态生成 48 个盘面数据（48 个通道）作为神经网络的输入数据。48 个盘面数据指的黑子的位置、白子的位置、空白的位置、1~8 手之前的黑子的位置、1~8 手之前的白子的位置、打吃（围棋术语，这样下去在下一步就会被对方吃掉的子）、征吃（围棋术语，无论采取怎样的走法，迟早都会被对方吃掉的子）等表示各种特征的数据。

比如表示黑子位置的数据，只有放置了黑子的地方是 1，其他的地方是 0。从一个盘面可以生成 48 个这样的数据（见图 8-14）。

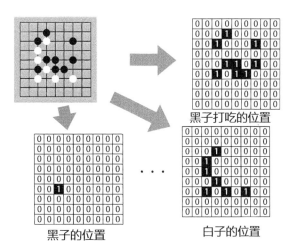

■ 图 8-14　从盘面生成输入数据简单起见，这里以 9 路棋盘为例。实际的数据是 19 路棋盘的数据（信息来源：日本 MediaSketch 公司）

　　结果得到了与第 5 章和第 6 章介绍的 MNIST 的手写数字图像一样的黑白图像，共 48 幅，这些都是神经网络的输入数据。

　　围棋一般在由 19×19 的 19 路棋盘上进行比赛。因此，向神经网络输入的数据为 19×19×48 的数据。在神经网络中，这些数据将由卷积神经网络处理。在输出层，网络预测人类要走的下一步是什么。具体来说，输出层的数字就是下一步在 19 路棋盘上每个可以落子的位置（从围棋中作为先手的黑色来看，横线用阿拉伯数字表示位置，纵线用汉字数字表示位置，范围从 1 之一到 19 之十九。有时用字母代替汉字数字）落子的概率。因此，输出数据的数量为 19×19 = 361 个。

　　最终，在 361 个输出数据中，表示最大概率的位置是 SL 策略网络推荐的下一步落子的位置（见图 8-15）。

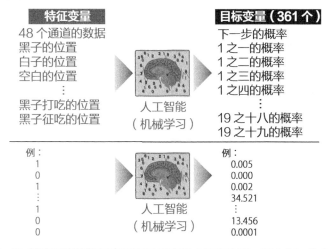

■ 图 8-15　SL 策略网络的特征变量和目标变量（信息来源：日本 MediaSketch 公司）

模型就这样通过对数量在 3000 万个以上的盘面的学习预测下一步的走法，结果表明 AlphaGo 成功提高了下一手的猜中率。根据论文数据，AlphaGo 将到目前为止其他软件的最高猜中率从 44.4% 提高到了 57.0%。

虽然实力不能一概而论，但是据说在这个时候 AlphaGo 已经具有了业余选手初段的实力。

MEMO

旋转盘面的想法

围棋与日本将棋和国际象棋不同，它是没有方向的。例如，日本将棋的棋子只能向前移动，而围棋则不会移动棋子。除了放在违反规则的地方以外，可以把棋子放在任何喜欢的地方。即使将盘面换个方向，黑子和白子的优势和劣势也不会改变。

利用这一特点，AlphaGo 将某个盘面的数据旋转 90°、180°、270°，以增加学习数据。正因为是围棋所以可以实现这个想法。利用这个想法，可以尽可能减少人工智能没有学习过的棋局，期待它在更多的状态下能做出高精度的判断。

对于图像识别，也可以通过旋转图像、增加噪声等方式来增加学习数据，以支持更广泛的数据场景。

在人工智能的开发中，在理解这些人工智能特点的基础上，再辅以人的创新想法是很重要的。

移出策略模型

其实在这个时候，AlphaGo 还创建了另一个模型。为了提高命中率，SL 策略网络形成了非常大的网络，在预测时也会相应地耗费较长的时间。因此，在 SL 策略网络之外，AlphaGo 还创建了一个虽然精度低、但能高速进行预测的小的**移出策略（Roll-out Policy）模型**。移出策略模型以 2 μs 的速度给出 24.2% 的猜中率。

一听说精度低，有人可能觉得没什么用，但在围棋比赛中，即使是人工智能也要在规定时间内落子，如果不在规定时间内落子就会犯规。

另外，在后面的蒙特卡洛树搜索相关内容中也要讲到，对决的人工智能双方需要高速模拟比赛进行到终局为止的所有局面。因此，即便精度低但能高速预测的移出策略模型也是必须要用的（不过，2019 的 AlphaGo Zero 没有使用移出策略模型）。

AlphaGo 强化学习的目标

SL 策略网络根据过去关于人类对战的棋谱，创建了预测下一步走法的人工智能。不过，这样的水平，得到的也只不过是比业余爱好者强一些的"人类仿制品"而已，无法获得战胜顶级专业选手的实力。因此，为了使 AlphaGo 更强，让人工智能相互对战，提高获胜一方走法的概率，降低落败一方走法的概率，需要基于**策略梯度算法**进行强化学习。

在这里，有人可能会有疑问：其实 AlphaGo 的走法并不一定是最好的。AlphaGo 过去也确实下过败棋。但是，即使是看起来很差的一步棋，从中发现新的走法，最终也许会成为一步妙棋。这样的想法其实跟人也有相同的地方，很有趣。

人工智能和人不同的是它不知疲倦，人工智能可以 365 天、24 小时在网络空间中不断学习。因此，毫无疑问，AlphaGo 学习的是人一辈子也无法经历的庞大数量的对局。

总的来说，强化学习对于之后出现的 AlphaGo Zero 来说，是相当重要的方法。

利用策略梯度算法生成 RL 策略网络

使用强化学习对 SL 策略网络强化后得到的网络是 **RL 策略网络**。强化学习对某个状况采取实际的行动，并将其结果作为报酬。策略梯度算法是强化学习的方法之一，它根据报酬来改变下一个行动的概率。

比如在迷宫问题中，如果往右走的报酬高，则提高往右走的概率。如果向左走的报酬低，则降低向左走的概率。理论上无限重复这个过程，就能得到以最短距离采取最合适行动的人工智能。

同样地，AlphaGo 也会使用策略梯度算法进行强化学习。从基于 SL 策略网络进行各种学习的多个 AlphaGo 中随机选择 2 个，首先让人工智能相互对战。让二者对战 128 次，在后面的对局中一点点增加获胜一方走法的概率，一点点降低落败一方走法的概率。

顺便说一下，根据《自然》上论文的记载，为了实施 1 万轮、每轮 128 次对战的学习，研究人员使用 50 个 GPU 计算了 1 天❸。为了进行计算，想必花费了很大的成本。

根据论文的记载，结束强化学习的 RL 策略网络在与 SL 策略网络的对战中以 80% 的概率获胜。

虽说 RL 策略网络比 SL 策略网络更强，但在和人类的对战中，RL 策略网络并不一定就能取胜。在这个阶段的 AlphaGo（第三代，AlphaGo Master）中，RL 策略网络只与人工智能进行了多次对战，所以选择的走法的范围可能会变窄。反而 SL 策略网络会有更广泛的可能性。

实际上，AlphaGo Master 同时使用移出策略模式、SL 策略网络、RL 策略网络以决定候选走法。然后需要从候选走法中找出最终哪个走法最好，这时使用的是蒙特卡洛树搜索。

价值网络

策略网络用于推导出下一个候选走法，而**价值网络**是为了判断当前局面是否对黑子有利而输出黑子胜率的网络，其成果刊登在 DeepMind 公司的网站上（见图 8-16）。

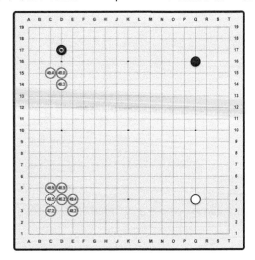

■ 图 8-16　AlphaGo Teach 的胜率预测。盘面上的数字是白子放在那个位置时黑子的胜率（信息来源：日本 MediaSketch 公司）

　　其实价值网络的学习方法和策略网络没什么区别。价值网络同样利用卷积神经网络从 KGS Go Server 的 3000 万个盘面进行监督学习。输入层的数据与策略网络一样，使用 19 路棋盘的 48 个通道数据，再加上显示当前落子是否为黑子的 1 个通道的数据，合计 49 个通道数据作为输入值。输出层的数据是在该局面下黑子的胜率，因此输出值为 1 个（见图 8-17）。

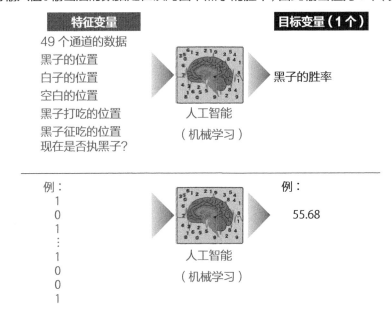

■ 图 8-17　价值网络的特征变量和目标变量（信息来源：日本 MediaSketch 公司）

虽然 KGS Go Server 的数据有 3000 万个盘面，但局数是 16 万局。这个数据量还不够创建价值网络。因此，要使用在创建 RL 策略网络时的强化学习阶段人工智能之间对战的棋谱。利用这些棋谱，最终得到高精度的价值网络。它能够在对局中途判断现在自己是否有利，这对于难以模拟最终局面的围棋人工智能来说非常有价值。凭借它，AlphaGo 变得越来越强大了。

蒙特卡洛树搜索

现在 AlphaGo 已经能通过策略网络得出候选走法，通过价值网络预测黑子的胜率。但是，光靠这些技术，还不能让它在初期阶段下出好棋。

比如在开始阶段，通过策略网络将下一个候补走法限制为 10 个。预测这 10 个走法对后续的影响，选择其中胜率似乎最高的走法。但是，如果后面的步数非常多，这实在无法预测。在无法看清未来棋局的阶段，只能选择那些看起来还不错的走法，这样就有可能以后……之后无论如何努力都无法取胜的路。

因此，AlphaGo 采用蒙特卡洛树搜索（Monte Carlo Tree Search）的方法减少要预测未来棋局的走法，尽可能地模拟有限的几个候选走法的未来棋局，尽可能降低走错的风险。

蒙特卡洛树搜索是为了尽可能准确地判断哪个候选走法最好，在人工智能的棋局中实际地试着去下棋，推演该候选走法的未来棋局的方法。当然，这个下棋推演的过程不会只做一次，而是尽可能地在短时间内进行很多次，从结果中导出黑子的胜率。

但是，由于时间关系不可能推演所有的棋局。因此，AlphaGo 会选择价值网络判断出的优势走法，然后模拟采用这个走法后与高速的移出策略模式对战的情形，尽可能地模拟之后的走法。当然，之后的走法也会优先考虑价值网络的评估值高的走法。另外，除了价值网络的评估值高的走法以外，为了避免遗漏的走法，AlphaGo 还会搜索至今为止经历过的次数少的走法和 SL 策略网络预测的走法。

这里不使用实施了强化学习的 RL 策略网络，而特意使用 SL 策略网络的原因是 SL 策略网络是模仿人的走法的，可能预见到的走法非常广泛。RL 策略网络在人工智能方面很强，但就像一直和同一个人对战去强化实力的做法一样，它可能会形成一定的习惯走法。

虽然最终没有尝试全部的走法，但是 AlphaGo 尽可能地在有限的时间内探索评估值高的走法，然后选择最有可能获胜的走法。

AlphaGo Zero 的冲击

前面提到过，AlphaGo 在 2017 年 5 月击败了当时世界排名第一的中国棋手柯洁后，就不再与人对局。这样一来，AlphaGo 的研究似乎告一段落了。

然而，同年 10 月，DeepMind 公司在综合性学术期刊《自然》上发表了关于 AlphaGo 第四代版本 **AlphaGo Zero** 的论文。对此笔者也感到惊讶。因为 AlphaGo Zero 与之前的版本不同，是完全不使用学习数据（过去人类对局的棋谱）来学习，只靠强化学习创建的版本。

基于常识考虑，谁都会认为不使用学习数据，只通过强化学习积累的经验，靠"蛮力"学习围棋中那无数的妙棋是一件很难的事情。正因为如此，围棋的初期阶段存在被称为"定式"的固定模式。即使是专业棋手，也要慎重地反复研究后才会下出定式以外的走法。然而，AlphaGo Zero 颠覆了这个常识。

当然，它也没有用几万台计算机去训练，和上一代的 AlphaGo Master 一样使用了 4 个 TPU。为了光凭强化学习就能更快地变强，它引入了一个新想法。

这个想法简单地说，就是创建策略网络和价值网络结合的双网络，在一个网络上进行学习和预测。打吃和征吃等围棋特有的数据不用于输入，结果，48 个通道变成了 17 个通道。

AlphaGo Zero 引入这个在 2015 年被设计出来的名为 Residual Network（ResNet）的神经网络思想，通过将残差块和快捷连接加入卷积神经网络，进行更深层的学习 [❷]。AlphaGo Zero 不使用移出策略模型。

除此之外 Alpha Zero 还进行了各种各样细致的改良，光靠不参考人类棋谱的强化学习就具备了很强的实力。顺便说一下，AlphaGo Zero 和击败了柯洁的第三代的 AlphaGo Master 对战的成绩是 89 胜 11 败。算起来 AlphaGo Zero 取得了近 90% 的胜率。

此外，DeepMind 公司还于 2017 年 12 月发表了第 5 代 **AlphaZero**。AlphaGo Zero 训练时使用了 4 台 TPU，而 AlphaZero 使用了 5000 台 TPU。AlphaZero 通过 8 小时的并列学习击败了 AlphaGo Zero。而且，它使用同样的方法学习了国际象棋和日本将棋，并成了"最强"的软件 [❸]。

综上所述，在研究 AlphaGo 的过程中研究者们诞生了各种想法，AlphaGo 解决了公认为计算机非常不擅长的围棋竞技，也找到了需要海量搜索的问题的高效解决方法。人们仍然在考虑强化学习的新想法，不断改良 AlphaGo，使其在更短的时间内进行高精度的预测。

8.4　A3C

异步优势演员 – 评论家（Asynchronous Advantage Actor-Critic，**A3C**）算法是 DeepMind 公司于 2016 年发表的强化学习算法 [❷]。强化学习是不费人力的，但提高它的精度需要很多的计算和时间。

A3C 因其通过使用多个代理（以进行学习为主体的程序）并行学习，可以大幅缩短强化学习所需的时间而备受瞩目。

A3C 采用了 3 个解决了 DQN 缺点的办法。

Asynchronous

首先是叫作 Asynchronous（异步）的异步代理技术。代理是指根据状态计算行动并获得报酬的程序的执行单位。由于 DQN 只有一个代理在不断学习，所以它有即使花时间也只能经历无数状态中的一部分这个缺点。

A3C 设计了最多可以使用 16 个代理的异步（同时并行）学习的方法，其学习结果最终成功地集成到了一个全局网络中。因此，它与通常的 DQN 相比，能对更多状态进行学习（见图 8-18）。

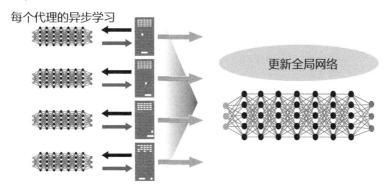

■　图 8-18　A3C 的异步学习（信息来源：日本 MediaSketch 公司）

Advantage

接下来是 Advantage（优势）。普通的 Q 学习是根据前一步的结果来判断中途状态的期待值（表示是否状况良好的推测值）。但是，如果无法判断前一步的状况是否良好，也只能模糊地修正期待值。

A3C 可以指定学习的时候要根据前几步的状况去判断来进行学习。因为能从更前面的状况得到可靠的形势判断去更新期待值，所以有望通过短时间的学习提高精度（见图 8-19）。

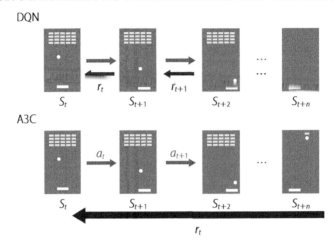

DQN

S_t r_t S_{t+1} r_{t+1} S_{t+2} ... S_{t+n}

A3C

S_t a_t S_{t+1} a_{t+1} S_{t+2} ... S_{t+n}

r_t

■ 图 8-19 A3C 的报酬反馈（信息来源：日本 MediaSketch 公司）

Actor-Critic

最后是 Actor-Critic（演员 - 评论家）算法。DQN 采用从某个状况到下一个状态的评估值（Q 值）最高的行动（Actor 网络）。但是，即使在下一个状况下评估值变高，也不一定意味着最终会有好的结果。因此，A3C 在其基础上，根据 Actor 采取的行动是否带来了好的结果输出更正后的概率值（Critic 网络）。

Critic 不关注评估值表示的状态，而关注从某个状态采取行动的结果。并且，如果结果是理想的，那么从下次开始提高采用那个行动的概率，Critic 基于这样策略梯度算法进行学习。

综合使用表示成为好状态的行动的网络（Actor）和表示过去带来好的结果的行动的网络（Critic）这两个网络，决定最终采取的行动。据说这种方法在像游戏一样通过一连串的连续行动来学习结果的情况下效果不错。

其实这和第 8.3 节介绍的 AlphaGo 的策略网络和价值网络是一样的想法。

A3C 的成果

在 DQN 中，可以说学习所花的时间依赖于 GPU 的处理能力。使用 CPU 进行学习的时间要比使用 GPU 多花数十倍的时间。

由于 A3C 可以由异步的多个代理进行并行学习，因此，即使是 CPU 也可以以相应更快的速度进行计算。

因此，与 DQN 相比，A3C 对处理器的依赖度较低。因此，特别是在连续行动的射击游戏等领域，A3C 取得了很大的成果。例如，A3C 强化的用于《DOOM》这个射击游戏的人工智能，在这个游戏上成功取得了前所未有的高分。

今后，我们期待在工厂等场所，将 A3C 应用于诸如谁采取了怎样的行动、使得最终生产效率变好的行动计划的制定。

8.5 GANs

GANs（Generative Adversarial Networks）翻译过来就是**生成对抗网络**。GANs由两个网络构成，所以术语中用的 Networks（复数形式），不过也许是难于发音的缘故，有人去掉 s，称之为 **GAN**。GANs 和 GAN 都是 Generative Adversarial Networks 的缩写。

GANs 的利用场景并不同来，但目前，GANs 及其衍生技术被用于使用人工智能生成或预测新图像。比如生成具有画家凡·高风格的苹果图像；还有一种是根据"网球运动""球"等关键字联想并生成网球的图像。

GANs 的历史

生成对抗网络的想法是在 1990 年由著名的"循环神经网络之父"——德国研究者Jürgen Schmidhuber 等人首先提出的[10]。生成对抗网络是两个网络通过互相反馈计算结果来制作目标图像的方法。

Jürgen Schmidhuber 最初提出的方法是：模型网络和控制网络这两个循环神经网络分别执行"数据预测"和"控制"，反馈结果以使每个误差最小化。之后，基于这个想法，人们设计了各种各样的生成对抗网络。但是，这种手法并没有取得显著的成果，没有在全世界普及。

这个想法在世界上广为人知的契机是 2014 年 Ian J. Goodfellow 等隶属于 **OpenAI** 的研究人员发表的论文[11]。在这篇论文中，他们介绍了使用两个神经网络从噪声中生成目标图像的方法。人眼难以分辨出创造出的新图像的区别。这就是今天被称为 GANs 的方法。

GANs 的原理

如今出现了很多如后面即将介绍的 DCGAN 等基于 Ian J.Goodfellow 等人设计的对GANs 进行改善和增加功能的派生方法。这里先介绍 GANs 的源头——Ian J. Goodfellow

等人设计的 GANs 的基本思想。

GANs 由**生成器网络**（Generator）和**识别器网络**（Discriminator）两个神经网络构成。这两个网络在学习阶段会多次进行用于学习的图像的仿造练习。

首先，生成器网络会使用随机生成的噪声生成假图像。然后，识别器网络判断假图像和真图像二者是否为真。准确地说，判断结果是百分之多少的概率为真。

一方面，生成器网络通过不断学习生成假图像以防止被识别器网络识破；另一方面，识别器网络为了"看穿"假图像而不断学习以提升能力。这就是"生成对抗网络"名称的由来（见图 8-20）。

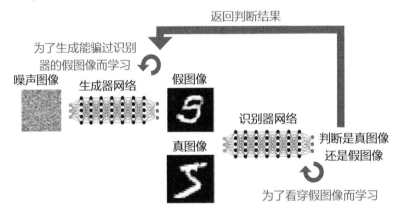

■ 图 8-20 生成器网络和识别器网络的关系（信息来源：日本 MediaSketch 公司）

只需准备真图像，GANs 就可以制作出假图像，通过两个网络相互"切磋"，自动变"聪明"。也就是说，作为一种分类学习，它属于无监督学习，不需要人来标注数据，不需要花费大量时间，非常方便。另外，准备的真数据越多，学习所花的时间越长。

DCGAN

DCGAN 是由 Alec Radford 等人于 2015 年发表的 GANs 派生模型[13]。它的整体构成与普通的 GANs 没有太大的变化，不同之处在于它的生成器网络和识别器网络是由卷积神经网络构成的。

在网络中使用卷积神经网络本身并不是什么特别的事情。他们发表的论文中记载了为了稳定学习结果而设计的具体网络构成，还记载了为了设计这个网络构成所想的各种办法和调优内容。

例如，生成器网络不使用一般跟在卷积层后的池化层，而采用了将采样幅度设为原来的 2 倍的办法。

随着 DCGAN 的出现，不仅是手写数字这种简单的图像，连猫的图像等彩色图像也能被生成。因为这一成果，可以说 DCGAN 是 GANs 历史上重要的模型之一。

使用 DCGAN 的分析示例

下面使用 DCGAN 生成在第 5.4 节介绍过的 MNIST 手写数字图像。

我们根据 Alex Radford 的论文创建生成器网络和识别器网络。在这些网络中加入随机噪声，然后让生成器网络创建一个假图像。在什么都还没有学习的状态下我们只能得到任意处理后的结果，所以生成器网络只能输出像噪声图像一样的图像（见图 8-21）。

■　图 8-21　生成器网络在学习 0 次时创建的假图像（信息来源：日本 MediaSketch 公司）

首先对 6 万幅训练图像实施 100 次的学习（见图 8-22）。

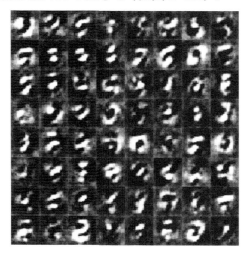

■　图 8-22　生成器网络在学习 100 次时创建的假图像（信息来源：日本 MediaSketch 公司）

这时生成器网络创建的图像看上去有些像数字图像了。不过人的肉眼也能很明显地看出图像中的数字不是人手写的数字。因此，这时的识别器网络能够大概率地识别出假图像。

另外，生成器网络接受自己创建的图像几乎全部被识别为假图像的事实，所以会根据结果变更权重等参数。让识别器网络有一点判断不决的图像就与真图像接近了，所以参数的修正幅度可以控制在最小限度。为了能让输出的结果"骗过"识别器网络，生成器网络会努力生成各种各样的图像。

另外，学习要重复 1000 次、2000 次、3000 次（见图 8-23）。在普通的计算机上实施 3000 次的学习需要半天或更长的时间。在笔者的计算机上使用 GPU 学习花费了 2 小时左右。

学习 1000 次　　　　　学习 2000 次　　　　　学习 3000 次

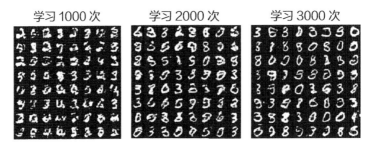

■　图 8-23　学习 1000 ～ 3000 次时由生成器网络生成的假图像（信息来源：日本 MediaSketch 公司）

每经过一次学习，生成器网络生成的假图像就越来越像数字图像了。学习次数达到 3000 次后，即使是人眼也无法分辨图中是人写的数字还是人工智能写的数字。

如果有数万幅图像，就可以像这样使用 GANs（DCGAN）制作假图像。随着互联网的普及，图像的收集比以前容易了。另外，通过从视频中抽出图像也可以增加图像数量。

即使是简单的 MNIST 的数字图像，通过学习提高假图像的精度也需要相当长的时间。如果是彩色图像，想要提高精度达到骗过人眼的程度，那么即便使用搭载高性能 GPU 的计算机也需要相当长时间的学习。

但在人工智能给社会带来了能生成人类水准的图像的巨大价值这一点上，GANs 是人类的技术的一大进展。

将来的 GANs

下面简单介绍 GANs 的派生模型。GANs 的出现给人工智能的图像和声音合成带来了革命性的进化，几乎全世界都在研究它的派生模型，并将其应用于各种领域。

PGGAN（Progressive Growing of GANs）是 Jaakko Lehtinen 等美国 NVIDIA 公司的研究人员发布的高分辨率图像生成模型[13]。

以前的 GANs 的学习参数是很难调整的，难以生成高分辨率的图像。但是，在 PGGAN

中，通过生成在进行低分辨率学习后逐渐进行高分辨率学习的阶段性学习模式，成功生成高分辨率（1024 像素 ×1024 像素）的合成图像。

ACGAN（Auxiliary Classifier GANs）是 2016 年谷歌公司发布的图像生成模型[14]。它虽然是以 GANs 为基础的，但其识别网络不仅可以判定图像真假，还可以判定图像属于哪个类别。

例如，对于手写数字图像，除了可以判定图像的真假，还可以判定该图像中的数字是 0～9 中的哪个数字。因此，如果实现了高精度模型，对于指定数字，比如 5，我们就可以基于随机噪声生成无数幅手写了数字 5 的图像。

另外，我们还可以让模型学习以判定多个类别，比如学习所有动物的图像判定动物的种类和毛色。在学习之后以"猫""蓝色"为特征生成图像，就可以生成在现实世界中不存在的天蓝色猫的图像。

ConditionalGAN 是 DeepMind 公司发布的带有控制调整功能的 GANs[15]，它基于 ACGAN，在生成网络中除随机噪声之外还可以输入调整参数。在使用 ACGAN 生成图像时，只能指定表示种类的类别值，而在 ConditionalGAN 中，在类别值之外还可以输入调整值。因此，像"略白"和"半白"这样的信息也可以作为数值输入。

WaveNet 是 DeepMind 公司发布的用于声音生成的深度学习模型[16]，它是基于 DCGAN 设计的。对于全色图像，模型将图像数据作为 3 维数据来处理，而对声音则采用了将其作为 1 维时间序列数据来处理的办法。这样不仅是人类的声音，也能以高精度合成乐器等声音。

谷歌公司提供了使用 WaveNet 的语音合成 API，其性能可以在 CLOUD TEXT-TO SPEECH 的介绍页面上进行测试。

除了这里介绍的模型以外，每天都有许多人出于各种目的设计新的 GANs 派生模型，并发表论文。今后不仅是 2 维图像，人们还会应用这些方法生成 3 维立体模型、动画、声音和文本等。有了人工智能后，人们迎来了各种各样的数字内容被生成的时代。

8.6 BERT

BERT（Bidirectional Encoder Representations from Transformers）是谷歌公司的 Jacob Devlin、Ming-Wei Chang、Kenton Lee、Kristina Toutanova 等人在 2018 年的论文中发表的基于深度学习进行自然语言处理的人工智能学习方法[17]。

BERT 的成果基于 Apache License 2.0 协议，在 GitHub 网站开源。

BERT 的目标

比如在开发对特定文本进行应答的聊天机器人等时，需要制作日语等自然语言的训练数据，让模型学习所有相关的关键字。这种情况下，学习时间有可能很长，开发这样的产品需要很高的成本。因此，人们希望在完成了特定语言基本学习的人工智能的基础上，只需进行几个小时的补充学习就能生成满足目标的自然语言处理人工智能，为了这个目标而开发的就是 BERT。

首先，使用人工智能学习日语的自然语言处理时，模型要学习日语相关的语言表现（类似于语言中与含义相关的规则）。在学习过程中，需要使用语言语料库（包含为了研究而准备的大量文件的数据）。最近，人们常常使用百科网站的文本作为语料库（因为它能从互联网上免费获取而且文本数量多）。

BERT 的学习

在传统学习方法中，为了学习语言表现，使用者会给所有的文件添加表示特征的分数和词类等，进行监督学习。但由于需要人提供一些数据，所以非常麻烦。

只要有未加工过的大量文本（语料库）就能学到语言的规则，BERT 在这一点上下了很大的工夫。因此，BERT 是无监督学习。相应地，它需要很多语料库。

如果能准备好大量数据，就可以利用 12 ~ 24 层的神经网络进行诸如"随机隐藏 15%的数据，预测里面会有什么样的单词""预测 X 文本之后会出现什么样的文本"等学习。

灵活使用已学习模型

当然，这个预训练在学习完成之前要花大量时间。如果全世界的研究者和企业都从零开始对日语和汉语等语言进行同样的学习，对整个社会来说是巨大的浪费。因此，谷歌公司在 BERT 的官方网站上发布了世界上部分语言相关的学习数据，使其能够在全社会共享。学习后的数据可以从官方网站的链接上下载（BERT-Base, Multilingual Cased 和 BERT-Base, Chinese）。

谷歌公司发布的已学习模型是通过使用 4 ~ 16 个 TPU、4 天内学习 100 万次而得到的，同时发布了已学习的日语、汉语等模型。

另外，对于已学习的模型，使用者可以通过增加学习一些数据进行微调。利用 BERT 已学习的模型，多数人都可以简单地创建能进行高超自然语言处理的人工智能。因此，全世界都在期待 BERT 能为人工智能的商业场景的应用做出巨大贡献。

8.7　灵活使用社交数据

随着将深度学习、BERT 等用于各种自然语言处理的想法的涌现，文本的翻译、分类、可靠性评价等正在成为现实。受到这些进步的影响，使用 SNS 中的各种**社交数据**进行的分析备受瞩目。

例如，如果发生大雨等灾害，虽然可以用水位计等仪器测量河流水位的变化，但是通过传感器了解整个城镇哪里浸水是很困难的。而利用 SNS 上的留言等数据，分析哪里浸水、哪里有人受伤、哪里有人在避难等，或许能得到更准确、更详细的信息。

另外，SNS 上也有谎言或错误留言，部分信息缺乏可信性。因此，最多只能将其作为参考信息，最终还是要借助由人确认真假，或者利用人工智能判断真假等方法。

社交数据中蕴含着巨大可能性的是情感分析。所谓情感分析，就是从 SNS 上的信息中分析写信息的人有着怎样的情感。

比如，如果有人对某个商品写下"很开心"的评价，可能说明这个人有积极的情感，如果写下"很生气"，可能说明这个人的情感消极。如果通过人工智能对写评价的人抱有什么样的情感进行评分，就可以从社交数据中分析自己公司的商品得到用户怎样的评价、用户今后想要什么样的商品，这些分析就有可能应用到商业行为中。

人们还考虑了用人工智能自动检测危险的评论，防止发生犯罪等情况。

今后，人工智能不仅仅使用传感器信息和企业准备的数据，如果像这样灵活地使用社交数据，有可能会知道此前并不知道的事实。如果能实现，人工智能又会产生新的价值。

8.8　胶囊网络

胶囊网络 (Capsual Network) 是前文多次提到的被称为"深度学习之父"的 Geoffrey Hinton 设计并发布的全新深度学习方法[19]。

目前的深度学习是以神经网络为基础设计的，但是胶囊网络不使用神经网络，而使用完全不同的方法进行计算。因此，它作为一种超越神经网络的新方法，受到了极大的关注。

卷积神经网络的弱点

要理解胶囊网络的结构，需要各种前提知识，仅靠本书介绍的部分内容是很难完全理解的。但是，笔者认为胶囊网络是必定在不久的将来大放异彩的结构。因此，本节将介绍胶囊网络的开发目的及其与神经网络的区别。

既基于神经网络开创了深度学习、又是胶囊网络设计者的 Geoffrey Hinton 亲自在社交新闻网站"reddit"上阐述了卷积神经网络存在的问题[19]，问题就在于池化层。

本书在第 6 章中详细介绍了池化层，它是在处理图像等数据时，将图像划分为 3×3 等一定大小的区域，对其进行平均值和最大值等处理的层。池化层的目标是，通过它的处理能够在存在诸如细小位置的偏差和平行移动等的情况下，检测出目标的特征。

比如有两幅显示了同一只猫的图像，如果仅仅因一幅图像中猫鼻子的位置稍稍在下面一些，就将其判断为两只完全不同的猫，那就很麻烦了。从人的感觉来看，如果拍到的是同一只猫，即使鼻子的位置有些不一样，人也会正确地将其识别为同一只猫的图像。

这两幅图是猫的插图和脸部各部位平行移动后的插图（见图 8-24）。

■ 图 8-24　猫的插图和脸部各部位平行移动后的插图（信息来源：日本 MediaSketch 公司）

虽然猫的各部位的确都存在，只是平行左右移动了各个部位，但在人类看来，左边看起来像猫，右边却不能说是猫。

也就是说，卷积神经网络的池化层即使能够检测到各个部位，也不能考虑到这些部位之间的关系、位置关系、角度等构成关系。与此同时，小特征也会被当作噪声舍弃。

此前我们对 MNIST 手写数字数据进行了多次图像识别。下面看看如何识别图 8-25 中的图像。

（1）　　　　　　　　　　　　　　　（2）

■ 图 8-25　重叠数字的例子（信息来源：日本 MediaSketch 公司）

这些图像看起来是由两个独立的数字组成。图8-25（1）是6和7重叠，图8-25（2）是1和3重叠，人可以通过模拟两个独立的数字的组合得出判断。

对于这种多个数字重叠在一起的情况，没有意识到图像构成的卷积神经网络的识别率很容易下降。

胶囊网络的目标

人通常首先要抓住对象的细微特征，然后通过细微的特征组合来把握整体的构成。胶囊网络为了更好地把握这种结构，以"胶囊"为单位进行计算处理。

神经网络以相当于人的大脑中的神经元的单元为单位进行处理。此时的输入值是由表示大小的1个数据组成的标量（详细信息可参考第6章）。

胶囊网络则将部分中间层的单元替换为胶囊。胶囊从前一层接收由多个数值构成的向量。向量不仅具有大小，还具有方向。因为输入值是向量，所以胶囊处理的权重也是由多个数值构成的向量。

胶囊网络的目标就是通过这种以向量为单位传播特征的方式，不仅把握细微的特征，还把握特征之间的构成关系，提高识别率。

胶囊网络的结构

Geoffrey Hinton 发表的论文实际地使用了胶囊网络来识别 MNIST 手写数字图像[13]。论文中的胶囊网络有3个中间层，分别是卷积层和两个胶囊层。Geoffrey Hinton 介绍这个结构的胶囊网络具有与10层左右的卷积神经网络相同的性能（见图8-26）。

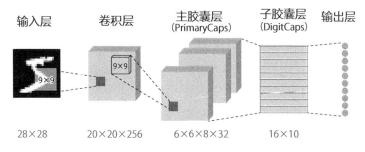

输入层　　　卷积层　　　主胶囊层　　　子胶囊层　　输出层
　　　　　　　　　　　　（PrimaryCaps）（DigitCaps）

28×28　　20×20×256　　6×6×8×32　　16×10

■ 图8-26 对MNIST手写数字图像分析时的胶囊网络结构（笔者基于 Geoffrey Hinton 的理论制作）

中间层的第1层是普通的卷积层，使用256个核大小为9×9×1的过滤器，检测特定的线等特征。普通的卷积神经网络，下一层会是池化层，而胶囊网络则在卷积层后设置了胶囊层。

中间层的第 2 层是被命名为 PrimaryCaps 的主胶囊层，其中准备了 32 个胶囊。每个胶囊对 20×20×256 的输入应用 8 个 9×9×256 的卷积内核。各个胶囊输出 6×6×8 的结果。

中间层的第 3 层是被命名为 DigitCaps 的子胶囊层。这一层有 10 个胶囊，每个胶囊接受 6×6×8×32 的输入，然后输出 10 个由 16 个数值构成的向量。

动态路由

胶囊网络也和普通的神经网络一样，通过误差反向传播改变权重，来进行以最优化为目标的学习。

另外，PrimaryCaps 和 DigitCaps 这两个胶囊层是父子关系，在学习的过程中会把具有父子关系的胶囊结合起来，这种结合方式就像树的结构一样。也就是说，网络将多个小特征组合起来，将目标图像的整体构成像拼图一样组合起来。这样一来，就可以理解各个组合到底有什么样的关系才可以被识别为数字的 0 或 1。

因为这是动态地创建树结构的处理，所以我们将这种结构称为**动态路由**。

将来的胶囊网络

人们设计动态路由以克服卷积神经网络的弱点。因此，它作为今后进一步提高人工智能精度的方法备受瞩目。

论文实际地对 MNIST 手写数字图像进行了预测精度的验证，结果表明它不仅能实现简单的图像识别，还能高精度识别两个数字重叠在一起的图像。笔者认为社会上尤为看重的图像识别的精度有可能会得到飞跃提升。

不过，在执笔本书时，胶囊网络还只是在 MNIST 手写图像分析上显示了实际的效果。今后需要在各种的图像识别中使用胶囊网络，测试精度是否真的得到了提高。

人们正在进行几个实验和验证。比如在医疗领域，人们正在使用胶囊网络从图像中发现癌症等实验[20]。

参考文献

[1] David E. Rumelhart, Geoffrey Hinton & Ronald J. Williams.（英文）
Learning representations by back-propagating errors.
cs.toronto 网站

❷　Jeffrey L. Elman.（英文）
Finding Structure in Time.
wiley 网站

❸　Christopher J. C. H. Watkins. Learning from delayed rewards.（英文）
Royal Holloway,University of London 网站

❹　United States Patent Application Publication Pub. No.: US 2015/0100530 A1（英文）

patentimages 网站

❺　David Silver, Aja Huang, Chris J. Maddison, Arthur Guez, Laurent Sifre,
George van den Driessche, Julian Schrittwieser, Ioannis Antonoglou, Veda
Panneershelvam, Marc Lanctot, Sander Dieleman, Dominik Grewe, John Nham,
Nal Kalchbrenner, Ilya Sutskever, Timothy Lillicrap, Madeleine Leach, Koray
Kavukcuoglu, Thore Graepel, Demis Hassabis.（英文）
Mastering the Game of Go with Deep Neural Networks and Tree Search.
alresearch 网站

❻　David Silver, Julian Schrittwieser, Karen Simonyan, Ioannis Antonoglou, Aja
Huang, Arthur Guez, Thomas Hubert, Lucas Baker, Matthew Lai, Adrian Bolton,
Yutian Chen, Timothy Lillicrap, Fan Hui, Laurent Sifre, George van den Driessche,
Thore Graepel, Demis Hassabis.（英文）
Mastering the Game of Go without Human Knowledge.
deepmind 网站

❼　Kaiming He, Xiangyu Zhang, Shaoqing Ren, Jian Sun.（英文）
Deep Residual Learning for Image Recognition.
arxiv 网站

❽　「ALPHABET'S LATEST AI SHOW PONY HAS MORE THAN ONE TRICK」
（英文）
wired 网站

❾　Volodymyr Mnih, Adrià Puigdomènech Badia, Mehdi Mirza, Alex Graves, Timothy P.
Lillicrap, Tim Harley, David Silver, Koray Kavukcuoglu.（英文）
Asynchronous Methods for Deep Reinforcement Learning.
arxiv 网站

❿　Jürgen Schmidhuber.（英文）
On Using Self-Supervised Fully Recurrent Neural Networks for Dynamic
Reinforcement Learning and Planning in Non-Stationary Environments.
idsia 网站

⑪ Tim Salimans, Ian Goodfellow, Wojciech Zaremba, Vicki Cheung, Alec Radford, Xi Chen. （英文）
Improved Techniques for Training GANs.
arxiv 网站

⑫ Alec Radford, Luke Metz, Soumith Chintala. （英文）
Unsupervised Representation Learning with Deep Convolutional Generative Adversarial Networks.
arxiv 网站

⑬ Tero Karras, Timo Aila, Samuli Laine, Jaakko Lehtinen. （英文）
Progressive Growing of GANs for Improved Quality, Stability, and Variation
arxiv 网站

⑭ Augustus Odena, Christopher Olah, Jonathon Shlens. （英文）
Conditional Image Synthesis With Auxiliary Classifier GANs.
arxiv 网站

⑮ Mehdi Mirza, Simon Osindero. （英文）
Conditional Generative Adversarial Nets.
arxiv 网站

⑯ Aaron van den Oord, Sander Dieleman, Heiga Zen, Karen Simonyan, Oriol Vinyals, Alex Graves, Nal Kalchbrenner, Andrew Senior, Koray Kavukcuoglu. （英文）
WaveNet: A Generative Model for Raw Audio.
arxiv 网站

⑰ Jacob Devlin, Ming-Wei Chang, Kenton Lee, Kristina Toutanova. （英文）
BERT: Pre-training of Deep Bidirectional Transformers for Language Understanding.
arxiv 网站

⑱ Geoffrey Hinton, Sara Sabour, Nicholas Frosst. （英文）
Dynamic Routing Between Capsules.
nips 网站

⑲ AMA Geoffrey Hinton. （英文）
reddit 网站

⑳ Aryan Mobiny, Hien Van Nguyen. （英文）
Fast CapsNet for Lung Cancer Screening.
arxiv 网站

第 9 章

人工智能开发常见问题

本章以问答的形式总结了笔者迄今为止在许多人工智能讲座和演讲中经常被问及的、误解较多的问题。

在今后的社会中，人们需要建立"人工智能不是人的竞争对手，而是和人一起协作、用来创建更方便的社会的工具"的想法。

希望读者在阅读本章之后，在正确认识人工智能的基础上，能够消除那些没有根据的不安情绪。

人工智能开发常见问题

9.1 关于人工智能的一般问题

Q.1 人工智能聪明吗?

A. 有聪明的地方,也有不聪明的地方。

人工智能从学习到的信息进行细微的判别的精度比人更高。从这个意义上来说它是聪明的。尤其是图像识别,人工智能的识别精度比人更高。

已经有几篇论文发表了使用人工智能发现早期癌症的精度比人更高的结论。另外,人工智能对于在什么样的环境下培育植物更好这种预测,也会给出比人的直觉更准确的答案。因此,人们正在尝试诸如在日本清酒等产品的制造工序中通过人工智能进行温度等的管理之类的实验。

另外,与人不同,人工智能没有自主地学习并记住各种事情的通用学习能力。从这个意义上来说,不能说它比人聪明。

与人相比,人工智能能做到的事情还很有限。

Q.2 人工智能会出错吗?

A. 人工智能也会出错。

但是,不使用人工智能的软件也会出错,人也会出错。因此,对于人工智能预测的正确率是否有 100% 的讨论没有什么意义。因为在大部分情况下,这个概率只是看起来是100%,实际上并不是 100%。重要的是,人工智能的正确率是多少。正确率是 70%? 90%? 95%? 99.9%? 还是 99.9999%? 给出的正确率因用途、价值、运用体制等会有很大的不同。

本书在前文也讲过,要熟练使用人工智能,在认识到人工智能会有一定的识别误差的前提下进行预测精度的管理是很重要的。

Q.3 人工智能擅长的事情是什么？

A. 人工智能比人更容易发挥出其优秀能力的是模式识别。

对于影像、声音、脑波等人很难瞬间判断的信息，人工智能有望在一瞬间就判断出高精度的信息。这些技术用在了自动驾驶的实现、分析脑波来分析人的思考的脑机接口的实现上。

Q.4 人工智能不擅长的事情是什么？

A. 应对完全没有经验（学习）的特殊情况。

现在的人工智能，如果能适当地学习各种数据，它将具有对未知数据进行预测的能力。但是，这种能力是有限的，人工智能无法保证对此前并不存在的完全未知的东西的预测精度。

其实人也一样。为了便于理解，这里举一个极端的例子，如果在地球以外的星球上发现了生命体，其形态是前所未见的，那么人很难从外观上判断该生命体属于生物学上的哪个分类。

人和人工智能的区别在于学习量。虽然让人工智能学习了 100 万张各种生物的照片，但它没有学习生物以外的照片。

除非人把眼睛闭上，否则每时每刻都在通过看各种各样的东西来学习。当然除了生物以外的东西也看了很多。

以前有一篇被广为报道的新闻，自动驾驶汽车上搭载的人工智能将拉面连锁店的招牌误认为是禁止进入的标识。

人工智能出现这种状况的原因很简单。因为这个人工智能只学习了标识，没有学习商店的招牌等信息。

反过来，如果让人工智能学习的不仅是交通标识，还有商店的招牌的话，人工智能就可以区分了。想想看，人的大脑在生活中学习的信息量是巨大的，其优秀得简直可以被称为奇迹。

Q.5 什么是奇点？

A. 奇点这个词来源于英语 Singularity，但是还没有明确它的定义。

不过看看世界上使用了奇点这个词的书籍，大概可以知道下面这些事情被称为奇点。

（1）人工智能无须借助人类的帮助，能够自主地变聪明。

（2）重复学习的过程，人工智能有可能比人更聪明。

（3）如果人工智能拥有超越人类的智慧，不久就会与人类对立，从而爆发人工智能和人类的战争。

其中（1）是有可能会实现的。

"变聪明"包含很多层意思。

美国谷歌公司正在开发被称为 **AutoML** 的半自主提高精度的人工智能。但是，AutoML 只是对神经网络中各种参数进行自动调整而已，所以在"自主提高精度"这一点上可以说它符合"变聪明"的标准，但在"开始学习新事物"这一层面上不符合"变聪明"的标准。

Q.6 达到奇点后，人工智能会变得比人聪明并控制人类吗？

A. 不会，无须担心。

读过本书内容就会知道现在的人工智能是程序软件，是人们为了特定的目的而制作的。它基于已确定的特征变量和目标变量对模型进行调优。

因此，进行图像识别的人工智能不会自动地学会并理解人类的语言。现在的人工智能还不能像人期望的那样自动地学会各种新的技能来做新的工作。

Q.7 人工智能会像人一样思考吗？

A. 笔者认为这种可能性非常低。

至少目前还没有开发像人一样思考的人工智能的方法。如果要问"有创建那样的人工智能的研究吗"，答案是有在进行那样研究的研究者。

不为特定的目的而设计、可以做各种工作的人工智能被称为**通用人工智能**（General Artificial Intelligence）。对通用人工智能的研究还处于黎明期，还没有确立技术上可行的方案。

Q.8 可以让人工智能产生感情吗？

A. 这是一个非常难回答的问题。

难以回答的一个原因是这个问题没有一个正确答案。首先，"感情"的定义还不明确。对于什么是感情，每个人都有自己的理解。

比如，有人说海豚有感情，也有人说海豚没有感情，也许有人主张蚂蚁和阿米巴虫都有感情。要判断这个主张是否正确，必须从哲学性的话语开始（如果追究人工智能的问题，最终都会到达哲学的世界）。

人本来也还没有完全弄清楚被称为感情的东西是什么、又有什么样的构造。

例如，如果头部被撞击，有的机器人会说"悲伤"，然后眼睛流出眼泪般的液体。在笔者看来，也许可以说这样的表现是一种感情，但也许有人说那不是感情。

因此，人工智能是否有感情，只能是每个人"基于主观的感受方式"所进行的判断。笔者认为很难得出明确的结论。

如果大部分人都回答人工智能有感情，也许可以说人工智能有感情。

9.2　令人担忧的人工智能问题

Q.9　人工智能有可能被用于军事吗？

A. 有这个可能。

已经有国家在推进将人工智能技术引入军事领域的研究工作。对此，在 2018 年的联合国大会上，各国就被称为 AI 武器的自主致命武器系统（LAWS）展开了讨论 ●。

目前有些国家对 AI 武器持肯定态度，绝不是想用 AI 武器攻击其他国家，而是主张通过引入 AI 来减少战争中的人员伤亡。

例如，在靠近前线的宿营地，负责监视敌人攻击的人最开始受到攻击的可能性很高，有受伤的风险。因此，虽然此前人们研究了不用人工智能的程序来检测敌人的方法，但是不使用人工智能就很难判定物体是人还是猫、是敌人还是朋友、是平民还是军人，结果对敌人的误检测很多，所以没有得到应用。因此，有些国家正在考虑利用人工智能对敌人进行监视，根据不同情况，通过自动检测来发出警报。

Q.10　能通过人工智能实现机器人武器吗？

A. 笔者认为暂时不可能。

想必有人在进行各种验证实验。如果好好利用搭载了人工智能的机器人，可能会在许多方面削减成本。虽然机器人的开发费用也不便宜，但原本各国军队就制造了极其昂贵的导弹和飞机，与之相比，机器人的成本可能会低得多。

但是，所谓的引入也要看引入的级别。很多人可能会先联想到搭载了人工智能的机器人拿着枪在战场上来回奔跑的样子，但是目前制造能移动的机器人武器的性价比不高。

先不说人工智能的性能，机器人要想拥有和人类同等甚至更高的运动能力还需要很多时间。如果是不需要太高的运动能力的作战，比如从附近向特定的目标移动、在特定的地方进行攻击这样的武器的话可能会实现，但是这种武器不需要人工智能就可以实现（只要用定位系统检测地点，人从远程发送攻击指示就可以实现）。

Q.11 搭载人工智能的武器有可能伤害人类吗？

A. 不能说没有这种可能。

人们必须慎重将人工智能技术引入武器等领域。最可怕的是由于人工智能误识别导致的事故或故障导致的失控。

虽然人工智能很优秀，但是如果摄像头坏了，就有可能做出预想不到的事情。作为大前提，人们必须认识到的是人工智能没有感情，在失控的情况下可能会造成很大的损失。

不仅限于战争，人们在采用新技术时，应充分考虑安全问题，带着伦理道德来开发。另外，国际社会整体对于应如何使用人工智能的探讨还不够充分，笔者认为应该通过反复协商来决定国际规则。随着人工智能的出现，软件工程师和研究人员被要求拥有比以往更高的伦理道德素养。

Q.12 人工智能有可能防范犯罪吗？

A. 有。

从风险管理的角度来看，人工智能被用于犯罪的可能性很高，尤其让人担心的是恐怖活动。因此，在防范措施方面，需要经常注意最新技术的动向，并设想比以往更多的模式。

另外，尽管想到了各种情况，恐怕也很难靠人力对所有的情况进行警戒、监视。这是因为除了近来人手不足的情况之外，能够分配给安全领域的预算也有限。

所以在制定防范措施时也必须尽可能地使用最新技术提高效率，并思考能自动检测各种异常的机制。

比如在举办大型活动时，参与人员的行李检查和身份确认要尽量自动化。另外，除了使用机器人之外，使用人工智能预测在哪里会发生什么样的犯罪也是有效防止犯罪的措施。

在美国，洛杉矶警察局根据人工智能的犯罪预测重新调整警察配置，成功降低了犯罪率[2]。

Q.13 人工智能有可能进行网络攻击吗？

A. 笔者认为从智能的角度考虑，人工智能很难进行网络攻击。

网络由双方基于协议收发信息。也就是说，在脱离协议的情况下无法进行通信，只有遵循协议才能发起攻击。

由于对服务器发起攻击的前提是在遵循协议的基础上发现漏洞，所以不太有必要使用人工智能。但是，为了欺骗对方，有可能会间接使用人工智能。

例如，可以利用人工智能制作复杂的垃圾邮件：就像伪装成相关人员，制作了垃圾邮件检测软件无法判定的邮件正文。假设被骗的人不小心运行了邮件的附件，计算机将会感染计算机病毒、向外部发送信息、被创建攻击者侵入网络的后门等。

Q.14 为了防范网络攻击可以使用人工智能吗？

A. 可以。

已经有几家企业使用人工智能作为抵御网络攻击的手段，有实际成果的是网络通信内容的异常检测。

如果检测到平时没有出现的特殊发送模式，人工智能会向管理者报告有可能受到了攻击❸。

另外，人工智能还被用于检测新种类的恶意软件（Malware，计算机病毒等有恶意的程序）❹。

在恶意软件的检测中使用人工智能的优点是，人工智能对未知的新种类病毒的检测能力很强。如果人工智能发现符合某种模式的代码是计算机病毒的可能性很高，就可以发现还没有被发现的未知病毒。在网络安全领域使用人工智能，有可能减少对人来说非常麻烦的工作。因此，作为防卫手段，应当积极地使用人工智能。

Q.15 人工智能有可能被破解吗？

A. 有。

所谓的破解，是指恶意的第三方攻击并侵入系统，然后按照自己的想法进行操作。另外，人们经常使用"黑客攻击"这个词，其实这是错误的用法，"黑客攻击"含有"分析内容"的意思。以破坏和夺取为目的的攻击正确的说法是破解。

笔者认为对于人工智能程序，相比被夺取，被攻击而产生混乱的可能性更大。人工智能经过学习的过程，其想法（根据计算公式的判断基准）经常发生变化。因此，如果使用某种手段让人工智能学习错误的信息，就可以改变人工智能的判断。

比如，让人工智能学习狗的照片，却告诉它这是猫的话，人工智能就会把狗当作猫。即使不是这种极端的情况，让人工智能学习错误的数据，也能大幅降低预测精度。

运用人工智能的时候，必须注意不要发生这种情况。因此，应该注意不允许第三方追加或篡改人工智能的学习数据。

特别是进行强化学习时，很多时候模型不检查学习数据就开始自动学习获得的报酬数据，所以从外部获取报酬数据的时候需要注意是否混入了的不正当数据。

9.3 在企业应用人工智能的问题

Q.16 所有企业都应该使用人工智能吗？

A. 否。

并不是所有的企业都应该使用人工智能。但是，不管是否使用，都需要事先理解人工智能。

是否应该使用人工智能取决于企业的实际情况。企业应该根据业界的动向、财务状况、现场存在的问题等综合判断。

不好的做法是企业过于迷信人工智能，以引入人工智能为目的启动项目。

根据笔者的经验，其实很多事例不需要使用人工智能，使用普通的数据科学就能解决。没有必要却硬要使用人工智能是成本的浪费。

反之，无条件地否定人工智能也是不好的做法。只凭自己对人工智能的印象来判断，不听专家的意见而排除利用人工智能的可能性，可以说是自己舍弃了人工智能蕴含的巨大可能性。

对于所有企业来说，不管是否应用人工智能，今后开展完全不受人工智能影响的业务是不可能的。这是因为竞争对手有可能使用人工智能推翻业界的常识。因此，技术人员、管理者、经营者需要充分理解人工智能是什么样的东西，了解业界内以及竞争对手是如何使用人工智能的。

Q.17 人工智能会促使更多企业进入其他行业吗？

A. 是的。这种情况会增多。

企业进入其他行业开展业务很难，但人工智能会让它变得简单，并重新定义业界内的合作和势力关系。无论在什么情况下，无论选择什么战略，不了解对手采取什么战略就不能制定自己的战略。

Michael Porter 在其著作《竞争战略》中提出的"五力模型"中，实际地就替代品的威胁进行了阐述。通过技术革新，企业有可能成为与之前完全无关的行业企业的竞争对手。

例如，在汽车行业，丰田公司等汽车制造商将致力于电动汽车和自动驾驶车的谷歌等公司视为竞争对手，采取了与本为竞争对手的本田公司合作等应对措施 ❸。

人工智能已经极大地改变了业界的常识和竞争态势。在不久的将来，不仅对汽车制造，还会对零部件制造等行业产生巨大影响。

Q.18 人工智能的开发费用会变高昂吗？

A. 是的。

人工智能的开发费用有变高昂的趋势，主要原因是能开发的人才不足，人力成本变高（对于技术人员来说这是很大的机会）。

但仅因为费用变高昂就放弃开发的想法太过武断了。首先，即使费用高昂，也要看它是值得花的经费，还是不值得花的经费。如果通过开发人工智能，企业预计能带来比开发费用更多的销售额增加和成本削减，还是建议企业积极地考虑开发。

但是，企业在开发新服务和新产品时，往往无法预料开发人工智能的效果会如何影响销售额。这种情况可以将开发人工智能视为投资，所以请在企业可承受的范围内探讨。至少请不要在工业的销售额下降而且财务上完全没有余力的情况下，孤注一掷地将希望"赌"在人工智能上。

Q.19 有没有根据人工智能的开发费用来估算开发成本的方法？

A. 有。

但是，如果没有专业知识，企业很难判断 IT 公司给出的报价是否合适。因此，即使要花些费用，企业也应该委托拥有 IT 及人工智能知识的专家进行**项目监察**。

至于企业如何选择进行监察的人，笔者认为在 IT 行业有项目管理经验的技术人员比经营专家更好。如果有选择余地，推荐选择企业外部的监察人，因为他们能从第三方的角度公平地判断，而企业内部员工可能受到与项目本身无关的人际关系的影响。

另外，技术人员理解项目细节，可以在掌握 IT 公司的情况和项目技术难度的基础上与IT 公司交涉。而且，选择技术人员还有一个好处，他们在进入项目后，也能了解存在的问题并给出建议。

Q.20 人工智能的技术人才供给不足吗？

A. 不足。

全世界的人工智能技术人才供给都不足。而且据笔者预测，在全世界对人工智能的需求增加的情况下，人工智能的技术人才又不会大幅增加，所以今后技术人才供给会越来越不足。

开发人工智能的技术人才的工资已经相当高了。据说美国人工智能技术人才的年收入达到了 30 万 ~50 万美元，这是以日本的工资标准所无法想象的程度 [6]。

对于这种情况，日本企业的应对方式很被动。有的日本创业公司也在以 1000 万日元的年收入招募人才，但是从世界水平来看是相当低的。这已经导致优秀人才从日本流失到海外，大学研究人工智能的人才倾向于在日本本土以外的企业就职。

因此，预计今后的日本企业将陷入人工智能技术人才严重不足的局面，进而导致日本无法有效使用人工智能。虽然只要将人工智能技术人才的工资提高就能解决这个问题，但是遗憾的是，考虑到现状这一点是很难实现的。因为在日本企业中年功序列的制度和想法根深蒂固，打破这个束缚是非常不容易的。

笔者之前在企业工作时，也经历过因"虽然认同你的实力和成果，但给你加薪会引起其他同事的不满"之类的原因而没有得到加薪的情况。

不过，日本企业也认识到了以往的人事评价和组织运营制度的局限性。据 2019 年 4 月的日本经济新闻报道，日本经济团体联合会（经团联）的中西宏明会长（日立制作所董事长）说："录用时完全没有规则是不行的，但是多样性也非常重要。企业不能保证终身雇用员工。"[7]

笔者认为，员工不要抱着在同一家公司工作一辈子的想法，而应该抱着每个工作的人都拥有专业性，根据当时的形势，加入合适的企业的想法，无论是工作的一方还是雇佣的一方，还是教育人的学校，都需要改变想法。

Q.21 如何寻找帮助开发人工智能的技术人才？

A. 这个问题很难回答。

首先，人工智能的技术人才不是很多。人工智能是一种复杂而新颖的技术。大型企业里虽然有 AI 人才，但是基本上禁止副业，所以很难接受其他公司的委托。

因此，所有企业都需要尽早从自己公司员工中培养开发人工智能的技术人才。但这需要一些时间，如果需要马上找到技术人才该怎么办呢？

如果允许将开发的工作委托给外部的人才，那么委托属于创业公司的技术人才开发也是一种方法。有些创业公司的规定不那么严格，所以这些企业的员工有可能会帮忙。

另外，如果直接和开发人工智能的创业公司商谈委托开发事宜，这些公司也可能会灵活处理。笔者的公司也接受各种企业的开发支持和项目监察的商谈。

不过优秀的创业公司因为有很多专业性和效率高的人才，所以不要期待这些公司收费便宜、甚至有他们会免费帮忙的想法。

Q.22 如何与能进行人工智能开发的技术人才取得联系呢?

A. 很多技术人才是 SNS 和博客的重度用户,可以通过这些网络媒体找到他们。

当然,如果对方是创业公司,也可以通过邮件的方式进行商谈。但是,创业公司大都很忙碌,所以不要想着先聊聊再说。请在确定需求和预算规模后再与他们联系。

不管怎么说,平时就要有意识地收集能开发人工智能的技术人才的信息。如果遇到这样的人请积极地与他们交流,光见面不交流是非常大的损失。

特别是对于企业经营者来说,不夸张地说,和技术人才的交流是今后最重要的任务之一。

至于交流的手段,因为工作繁忙,很多水平高的技术人员不喜欢电话和电子邮件,所以最好使用 SNS 进行交流。

Q.23 各国政府推荐人工智能的使用吗?

A. 当然。世界各国都在积极推进人工智能的使用。

日本、中国、美国等许多国家将普及人工智能作为国家非常重要的课题。

各国已经围绕人工智能开展了激烈的竞争。所有人都应该理解这个事实。在此基础上,民营企业要理解并积极利用国家正在积极推进的政策,在必要的时候应配合国家的政策。这确实关系到国家未来的发展。

Q.24 日本的地方政府推荐利用人工智能吗?

A. 推荐。

特别是面临人口减少等问题的日本的地方政府正在认真研究利用人工智能建设新城市。因此,日本的地方政府也为了使民间积极地研究人工智能的应用而推出了各种政策。

另外,既然要使用税金,就必须实施回报给各地方的政策。为此,许多专家作为审查员等帮助日本的各地方政府制定政策。笔者也参与了好几个县的政策制定。

日本福井县开设了"福井 AI 商务开放实验室",在实验室内举办学习会、安排咨询人员接受咨询、建立应用事例讨论组以及展示开发成果等 ❸。笔者在该实验室设立时参加了筹备委员会。

另外,日本各地方也像福井县和横滨市那样制定了关于企业应用人工智能的补助金制度。在审查补助金申请时,不仅要审查企业能否实现人工智能,还要严格审查企业能否把成果回报给地方。

民营企业应该积极利用这些政策。而自治体既然花了税金,就不能继续支持没用的东西。

为了继续支持对社会有用的事业，请一定要善用民营企业。

正如 Michael Porter 所提倡的"创造共同价值"（Creating Shared Value）理念，以自己所属的企业和组织的利益为中心来考虑的时代早就结束了 ❾。

现在是考虑整个社会的利益、最终带来自身利益的时代。国家、地方政府、民间、学术机构都应该团结在一起共同创造新的社会。

9.4　与生活有关的问题

Q.25　人工智能会使我们的生活有什么变化？

A. 会使生活的各个方面变得方便。

前面介绍过诸如家电产品等不需要遥控器，使用者可以通过打招呼等方式操作的案例。另外，空调可以根据实际情况，自动调节为最适合的温度。

将来不光是汽车，所有的东西可能都会变成自动化的。由于生活太方便了，反而会带来人的运动能力降低的风险。

Q.26　不懂人工智能的话还有办法生活吗？

A. 这是杞人忧天。

大部分情况下，用户在使用产品或服务时，不用管它是否使用了人工智能。由于所有的东西都是为了让人直观地使用而被设计出来的，因此用户可以通过声音和手势来操作，使用家电和手机的方法应该会比现在更简单。如果不知道使用方法，直接向产品询问，就会得到合适的回答。

9.5　关于人工智能人才的培养和教育的问题

Q.27　什么样的人在开发人工智能？

A. 人工智能是软件，所以很多开发者是软件技术人才。

不过并非所有的软件技术人员都能学习数据科学，都能理解人工智能。因此，不是所有的软件技术人员都能开发人工智能。

对于人工智能的研究人员来说，软件开发的技能是必需的。即使没有作为软件技术人员的经验，也必须拥有高超的包括程序设计在内的整个计算机科学领域的技能。不管以前是做什么的，掌握了哪些知识，要开发人工智能，首先必须掌握数据科学，还要掌握软件开发和Linux 等平台的使用等大量知识。

因此，能开发人工智能就意味着你是"高级人才"。

Q.28　今后的年轻一代需要掌握关于人工智能的知识吗？

A. 不可或缺。

现如今，如果不掌握计算机知识，能做的工作的种类就很有限了。虽然不同工作所要求的技能千差万别，但至少使用计算机编辑文件、制作演示文稿，收发电子邮件是员工必须具备的技能。

同样地，如果人们不掌握有关人工智能的较容易理解的基础知识，能胜任的工作数量也会减少。另外，由于人工智能的出现，还出现了以前想都想不到的工作。

笔者认为应当好好地告诉年轻一代这一点：在今后的时代不了解人工智能可能会严重影响工作。

Q.29　在学校里人工智能是必修科目吗？

A. 是的，笔者认为今后会变成必修课的。

因为在今后的商务活动中理解人工智能是必需的。

现在各国已经开始了为了培养能理解人工智能的人才的教育改革，特别是美国和中国对人工智能教育非常热心。

根据职业社交网络 LinkedIn 的调查，到 2019 年为止，在全世界范围内人工智能领域的技术人员有 190 万人，其中大约一半是美国人。据说中国的人工智能相关的技术人员大约有5 万人。在中国，高校的有些专业为了让学生能顺利学习 IoT 和人工智能，从 2018 年开始将包括数据科学在内的科目设为必修课。

日本也于 2019 年 3 月制定了包括对所有高中生、大学生实施初级人工智能教育等政策的战略[⑩]。另外，到 2019 年为止，接受过人工智能教育的大学生只有 2800 人左右，据说整个行业有 30 万人的缺口。正如政府战略中所写的那样，"数理、数据科学、人工智能"已经上升到与"读、写、算盘"同等重要的地位，是必须掌握的知识。

但是，有人担心是否有足够的能够进行人工智能教育的老师。人工智能的领域有很多非常难的内容，需要老师简单易懂地教授给学生。为了迅速地向更多人提供高品质的教育，不仅要靠已经在学校工作的教师，也要善用在企业工作的实践经验丰富的人才，通过线上培训和远程授课等手段，全社会建立为更多的人提供高质量的人工智能教育的机制是非常重要的。

Q.30　要想开发人工智能，应该学习什么呢？

A. 数据科学的知识是必须掌握的。

此外，如同前面所介绍的，除了编程语言相关的知识外，还需要在一定程度上掌握 Linux 等操作系统和网络的知识。

但是，要成为优秀的开发者和研究人员，只具备计算机相关的知识还不够。

在做人工智能前沿研究的研究者中，有些人在大学中进行认知科学的研究，他们像 DeepMind 公司的创始人戴密斯·哈萨比斯那样，研究人的大脑，将其原理引入人工智能。

现在已经不是只学习特定领域的知识就万事大吉的时代了。读者需要在已掌握的知识的基础上，明确自己要开发什么样的人工智能，明确为此需要掌握的知识是什么，然后根据需要学习必要的知识。

Q.31　即使不擅长数学也能理解人工智能吗？

A. 这个问题很难回答。

为了学习数据科学，不仅要掌握基础数学，还要掌握概率、统计、微积分等知识。总之，如果不擅长数学，很难真正地理解人工智能。最重要的是，如果讨厌数学，学习的热情就无法保持下去。即使不去开发人工智能，通过数据看清真相的能力也是非常重要的。

例如，如果某个商品 A 的销量比预期要差，就要分析从什么时候开始变差的、不同的年龄和地域对产品销量有何影响等。如果不通过各种数据分析明确销量差的原因，就无法制订下一个战略。

如果不进行数据分析，只凭想法和直觉制订下一个战略，就有可能完全弄错，做了无用功。

在实际工作中，还有很多人是这么做的。从这一点来看，数据科学是必须掌握的，并在此基础上应用人工智能。

Q.32　学习人工智能首先应该做什么？

A. 对人工智能感兴趣。

没有很高的学习热情，很难坚持学习要学习很多知识的人工智能。教授人工智能的人也应该注意这一点。此外，人工智能没有固定的学习顺序。从自己擅长的地方、感兴趣的地方开始学习，即使暂时不能理解也不要灰心，这一点很重要。

为了让读者能够理解人工智能的本质，笔者在编写本书时把通俗易懂的表达方式放在了第一位。但即便如此，只读一遍也许不能理解本书的全部内容。

读者在此前阅读过的其他书中所无法理解的地方，在阅读了本书后应该就能理解了；反过来，通过阅读其他书籍，也能理解本书中无法理解的内容。

有些内容仅阅读一遍可能是无法理解的，希望读者通过阅读大量书籍去理解不懂的内容。

当然，笔者认为本书比哪本书都浅显易懂。但是，笔者也读了几十本关于人工智能的书。通过大量的阅读能理解没能理解的知识，将这一个个知识串联起来，读者终究会迎来掌握人工智能的时刻。

如果懂编程，建议读者实际地编写人工智能程序。

网上有大量的示例代码和介绍开发的博客内容等资料，我们可以参考这些资料。笔者也是这样做的，不要光看书本上的理论，还要先试着运行示例代码等，亲身体会其中的奥妙，通过这种做法常常就能理解光靠阅读所不能理解的论文和书中的内容。

Q.33　有效学习人工智能的方法是什么？

A. 还是同样的回答，要对人工智能感兴趣。

如果能理解人工智能，可能会对一生的各个方面都有很大的帮助。为了高效地学习，我们需要尽可能地接触各种高质量的信息。各地都在举行关于人工智能的展览会和演讲会，建议大家积极参加。通过体验去学习的方式是非常有效率的。

最近在报纸、杂志、电视上也经常报道人工智能，但是各媒体从事的也是商业活动，如果读者和观众的反馈很少，他们就会减少这方面的文章和报道。因此，为了尽可能地增加一些关于人工智能的信息，请积极利用 SNS。SNS 非常方便，对人工智能感兴趣的朋友经常通过 SNS 告诉笔者关于人工智能的好文章。

另外，还建议大家从新闻网站和 SNS 等渠道收集关于社会上如何应用人工智能的信息。

比如看到"人工智能发现了疾病""人工智能可以辅助疾病治疗"之类的新闻，会不会为光明的未来即将到来而感到兴奋呢？

再有就是交一个对人工智能很了解的朋友。和技术人员在一起聊天就是接受了很好的技术教育。如果身边有熟悉 IT 技术的朋友，那份友情也许会给你带来巨大的帮助，是不可替代的财产。

9.6　关于人工智能的未来的问题

Q.34 今后人工智能还会进化吗？

A. 是的，会进化的。

读读本书介绍的论文就知道了，人工智能研究者的研究并没有结束，反而还有很大的改善余地。

"进化"的意思有两个。一个是在通过新算法和方法提高预测精度这个意义上的进化。深度学习和胶囊网络的研究现在只不过刚刚开始，通过今后的研究，它们还会继续提高预测精度。

另一个是优化应用人工智能的领域的意义上的进化。现在人工智能还没有达到在全世界所有地方都得到应用的程度。今后，在新的领域尝试应用人工智能的过程中，人们会设计出为各个领域优化的模型和学习方法。

比如对癌症的影像检测，虽然人工智能在大肠癌等癌症的早期发现中取得了成果，但是还做不到发现所有的癌症[11]。今后对其他疾病的研究进展也会使人工智能进化，有可能实现其他疾病的早期发现。

Q.35 人工智能会变得有想象力吗？

A. 笔者认为会。

其实笔者直到几年前还对人工智能具备创作新画等想象力持否定态度，但在看了本书中介绍的 GANs 等制作的图像后，改变了想法。

我们来思考一下人画画和人工智能画画有什么不同。

人在画画的时候，是从自己的经验和看到的东西中得到灵感来画的。从人的角度来说，看到的东西也许和想画的东西没有直接关系，这就好像创造了这个世界上没有的东西一样。如果这样想，人工智能也不只能画画，如果能学到世上没有直接关系的东西，其可能就会创造出更具创造性的新东西。

将来，人工智能创作的艺术作品得到好评也不是不可能的事情。同样，人工智能也可以进行小说等文字上的创作。

Q.36 我们人类应该如何和人工智能交往呢？

A. 人工智能会成为人类的好搭档吧。

创造与人工智能共生的社会对人类来说是第一次。人类本能地害怕未知的、没有经历过的事情。有些人对人工智能感到害怕，这没什么好奇怪的。因为这些人的存在，才出现了没有根据的说法，比如奇点出现、人工智能开始控制人类等。当然，使用人工智能的风险不是零。无论做什么事情，风险管理都是非常重要的。

然而，不要害怕风险，风险是可以管理的。人们不要搞错了这一点。因此，我们应该建立在军事上应该如何应用人工智能的国际规则，建立一批对人工智能的开发设置一定限制的法律。

我们不要因为过于恐惧而抑制人工智能的开发。人类发展到现在，通过使用火、使用电、使用信息技术，实现了现在方便的社会和生活。

因此，在制定规则的时候，相关人员要认真讨论，在汇集意见的基础上，尽可能地让更多的人接受规则。特别是对于人口老龄化程度不断加深的发达国家来说，为了在人口减少的情况下，人们仍可以方便地购物、想要的东西在想买的时候就可以买、实现比现在更富裕的生活，借助人工智能的力量是不可避免的。

为此，大家应该认真考虑的不是"人对抗人工智能"，而是在"人和人工智能共生"的关系下创造什么样的社会。这样的话，光明的未来就会等着我们。

参考文献

❶ 日本经济新闻 "AI 武器、接近实用化 美国、俄罗斯等大国反对限制"（日文）
nikkei 网站

❷ 日本经济新闻（原文 Forbes）"洛杉矶、亚特兰大等 美国警察引入犯罪预知技术"（日文）
nikkei 网站

❸ 日经商业 "用人工智能来揭露'未知的网络攻击'"（日文）
nikkei 网站

❹ 日经计算机"备受关注的 AI 识别网络攻击的产品 也可检测内部不正当行为"（日文）
nikkei 网站

❺ 日本经济新闻 "丰田和本田，不同寻常的握手 对谷歌先行一步抱有危机感"（日文）
nikkei 网站

❻　日经 xTECH "你也能成为年收入超过 3000 万日元的 AI 人才"（日文）

nikkeibp 网站

❼　日本经济新闻 "求职思维转换，必须具备专业性 脱离终身雇佣制意识进一步高涨"（日文）
nikkei 网站

❽　福井 AI 商务开放实验室（日文）
fisc 网站

❾　日经商业 "解决社会问题，以企业为主角"（日文）
nikkei 网站

❿　日本经济新闻 "政府年培养 25 万人 AI 人才 向所有大学生进行初级教育"（日文）
nikkei 网站

⓫　日本经济新闻 "发现癌症的‘AI 之眼’实用化 奥林巴斯 正确率九成"（日文）
nikkei 网站

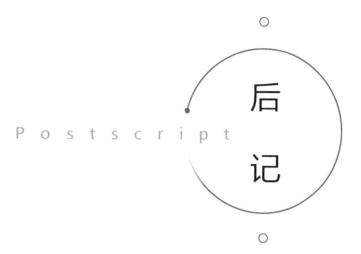

后记
Postscript

一开始在策划本书时，笔者真的很犹豫要不要动笔，发觉写出一本让未学习过人工智能的人也能理解人工智能的图书是非常困难的事情。

但是，可以预见今后理解人工智能的人才将会不足，也许会使得经济因此而停滞。现在还有很多企业因无法应用人工智能而导致项目停滞，业绩无法提高……在这种担心和危机感的驱使下，笔者决定执笔本书。创作本书的原因除了这样的书在社会上有需求之外，笔者作为人工智能工程师和"布道者"，觉得有义务写出一本能让广大读者容易理解的人工智能普及图书，为社会做出贡献。

不过本书的创作过程正如笔者预料的那样，非常辛苦。写原稿，审读，修正……笔者在创作过程中反复推敲，花费了非常多的时间。因此，本书的创作时间超出了预期时间，给日经BP社负责人近冈先生、日本CINQ公司的松冈先生等参与本书制作的各位人士添了很大的麻烦。借此机会，向为本书的制作而泼洒汗水的各位人士表示衷心的感谢。

笔者也借此机会向总是在SNS上鼓励、支持我的朋友们，欣然为本书日文版写推荐语的渡边先生、冈田先生表示感谢。

另外，笔者要感谢无怨无悔地从各方面支持着忙碌的自己的家人。

2019年6月　伊本贵士